定期テスト **ズバリよくでる** 数学 3年 啓林館版 未来へひろがる数学3

もくじ

取り外してお使いください 赤シート+直前チェックBOOK,別冊解答

※全国の定期テストの標準的な出題範囲を示しています。学校の学習進度とあわない場合は,「あなたの学校の出題範囲」欄に出題範囲を書きこんでお使いください。

Step 1 基本チェック 1節 式の展開と因数分解

15分

教科書のたしかめ [　]に入るものを答えよう！

❶ 式の乗法，除法

▶ 教 p.12-15 Step 2 ❶❷

解答欄

- □ (1) $(3a-4b)\times 5a=$ [$15a^2-20ab$] (1)
- □ (2) $-2x(x+6y)=$ [$-2x^2-12xy$] (2)
- □ (3) $(9x^2-6x)\div 3x=$ [$3x-2$] (3)
- □ (4) $(x^2-2xy)\div \frac{1}{2}x=(x^2-2xy)\times$ [$\frac{2}{x}$] $=x^2\times$ [$\frac{2}{x}$] $-2xy\times$ [$\frac{2}{x}$] (4)
  $=$ [$2x-4y$]
- □ (5) $(x+2)(y-5)=$ [$xy-5x+2y-10$] (5)

❷ 乗法の公式

▶ 教 p.16-20 Step 2 ❸-❻

- □ (6) $(x+1)(x+3)=$ [x^2+4x+3] (6)
- □ (7) $(a+6)^2=$ [$a^2+12a+36$] (7)
- □ (8) $(x-4)^2=$ [$x^2-8x+16$] (8)
- □ (9) $(a+7)(a-7)=$ [a^2-49] (9)
- □ (10) $(x+y-6)(x+y+6)$ を計算しなさい。
  $(x+y-6)(x+y+6)=$ [$(X-6)(X+6)$] ⬅ $x+y$ を X とする。 (10)
  $=$ [X^2-36]
  $=(x+y)^2-36=$ [$x^2+2xy+y^2-36$]

❸ 因数分解

▶ 教 p.21-27 Step 2 ❼-⓫

- □ (11) $ax+bx=$ [$x(a+b)$] (11)
- □ (12) $x^2-9=$ [$(x+3)(x-3)$] (12)
- □ (13) $x^2+10x+25=$ [$(x+5)^2$] (13)
- □ (14) $x^2-5x+6=$ [$(x-2)(x-3)$] (14)

教科書のまとめ ＿＿に入るものを答えよう！

□ 乗法の公式

❶ $(x+a)(x+b)=$ $x^2+(a+b)x+ab$ …$x+a$ と $x+b$ の積

❷ $(a+b)^2=$ $a^2+2ab+b^2$ …和の平方

❸ $(a-b)^2=$ $a^2-2ab+b^2$ …差の平方

❹ $(a+b)(a-b)=$ a^2-b^2 …和と差の積

□ $(a+b)(c+d)$ （①②③④）
$=$ $ac+ad+bc+bd$

□ 因数分解の公式

❶′ $a^2-b^2=$ $(a+b)(a-b)$

❷′ $a^2+2ab+b^2=$ $(a+b)^2$

❸′ $a^2-2ab+b^2=$ $(a-b)^2$

❹′ $x^2+(a+b)x+ab=$ $(x+a)(x+b)$

Step 2 予想問題　1節 式の展開と因数分解

1ページ 30分

【式の乗法，除法①(多項式と単項式の乗法，除法)】

❶ 次の計算をしなさい。

□(1) $(-3x+5)\times 2x$　　□(2) $-4x(x-2y-3)$

□(3) $6x\left(-\dfrac{1}{2}x+\dfrac{2}{3}y\right)$　　□(4) $(12ax-6ay)\div(-3a)$

□(5) $(15x^2+6xy)\div\dfrac{3}{4}x$　　□(6) $(4a^2b-2ab^2)\div\left(-\dfrac{2}{3}ab\right)$

【式の乗法，除法②(多項式の乗法)】

よく出る

❷ 次の式を計算しなさい。

□(1) $(x+4)(y-5)$　　□(2) $(x+3)(x+4)$

□(3) $(x+5)(x-3)$　　□(4) $(x+3y)(2x+y)$

□(5) $(x+2y)(x-y+3)$　　□(6) $(3x+5y+1)(2x-3y)$

【乗法の公式①($(x+a)(x+b)$ の展開)】

❸ 次の式を計算しなさい。

□(1) $(x+2)(x+3)$　　□(2) $(x+7)(x-2)$

□(3) $(x+3)(x-5)$　　□(4) $(a-2b)(a-5b)$

□(5) $\left(x+\dfrac{1}{2}\right)\left(x+\dfrac{3}{2}\right)$　　□(6) $\left(x+\dfrac{1}{4}\right)\left(x-\dfrac{3}{4}\right)$

ヒント

❶

分配法則を使って計算します。

$a(b+c)=ab+ac$

$(b+c)a=ba+ca$

(4)多項式 ÷ 単項式は，多項式 ÷ 数の場合と同じように計算します。

(5)(6)分数でわるときは，わる数の逆数をかけます。

❷

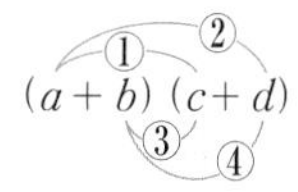

$=ac+ad+bc+bd$

のように展開します。同類項はまとめておきます。

❸

「**教科書のまとめ**」の乗法の公式❶を使います。

$(x+a)(x+b)$

$=x^2+(a+b)x+ab$

(5)(6)分数の場合も整数と同じように計算します。

【乗法の公式②($(a+b)^2$，$(a-b)^2$ の展開)】

❹ 次の式を計算しなさい。

□(1) $(x+3)^2$　□(2) $(5x+6)^2$　□(3) $(x+4y)^2$

(　　)　(　　)　(　　)

□(4) $(3-2x)^2$　□(5) $\left(2x-\frac{3}{2}\right)^2$　□(6) $(-x+7y)^2$

(　　)　(　　)　(　　)

【乗法の公式③($(a+b)(a-b)$ の展開)】

❺ 次の式を計算しなさい。

□(1) $(x+3)(x-3)$　□(2) $(5+a)(5-a)$

(　　)　(　　)

□(3) $(2x+5y)(2x-5y)$　□(4) $(-x-1)(-x+1)$

(　　)　(　　)

□(5) $(-4x+3)(4x+3)$　□(6) $\left(x+\frac{2}{3}\right)\left(x-\frac{2}{3}\right)$

(　　)　(　　)

【乗法の公式④(いろいろな式の展開)】

よく出る

❻ 次の式を計算しなさい。

□(1) $(a+5)^2+(a+1)(a+2)$　□(2) $(x-3)^2-(x+7)(x-7)$

(　　)　(　　)

□(3) $(x+y)^2-(x-y)^2$　□(4) $(a-b)(a+3b)-(a-b)^2$

(　　)　(　　)

【因数分解①(共通因数をくくり出す因数分解)】

❼ 次の式を因数分解しなさい。

□(1) $ab+a^2$　□(2) $5xy-3xz$　□(3) $2x^2y-6xy^2$

(　　)　(　　)　(　　)

□(4) $8x^2y-4xy$　□(5) $3abc-15bc+9ab$

(　　)　(　　)

ヒント

❹
「**教科書のまとめ**」の乗法の公式❷，❸を使います。
$(a+b)^2$
$=a^2+2ab+b^2$
$(a-b)^2$
$=a^2-2ab+b^2$

❺
「**教科書のまとめ**」の乗法の公式❹を使います。
$(a+b)(a-b)=a^2-b^2$
(5) $(-4x+3)(4x+3)$
$=(3-4x)(3+4x)$

❻
積の部分をそれぞれ展開してから，同類項をまとめます。

❼
共通な因数が複数個あるときは，それらの積を共通な因数として，くくり出します。

ミスに注意
かっこの中の式に共通な因数が残らないように注意します。

[解答▶p.2]

【因数分解②(a^2-b^2 の因数分解)】

❽ 次の式を因数分解しなさい。

□(1) x^2-y^2　□(2) x^2-25　□(3) a^2-4b^2

□(4) $9x^2-16$　□(5) $16x^2-25y^2$　□(6) $-49x^2+y^2$

【因数分解③($a^2+2ab+b^2$, $a^2-2ab+b^2$ の因数分解)】

❾ 次の式を因数分解しなさい。

□(1) x^2+4x+4　□(2) $x^2-18x+81$　□(3) $9x^2-24x+16$

□(4) $x^2+6xy+9y^2$　□(5) $16t^2-40t+25$　□(6) $4-4y+y^2$

【因数分解④($x^2+(a+b)x+ab$ の因数分解)】

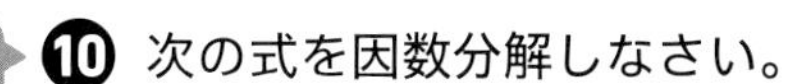

❿ 次の式を因数分解しなさい。

□(1) x^2+3x+2　□(2) $x^2+13x+12$　□(3) x^2-4x+3

□(4) x^2-5x-6　□(5) $x^2-2x-24$　□(6) $x^2+6x-16$

【因数分解⑤(いろいろな因数分解)】

⓫ 次の式を因数分解しなさい。

□(1) $ax^2-6ax+9a$　□(2) $2xy^2-6xy-20x$

□(3) $-ax^2+4ay^2$　□(4) $(x-y)a-(x-y)$

□(5) $(x+3)^2+4(x+3)-60$

ヒント

❽
「教科書のまとめ」の因数分解の公式❶′を使います。

❾
「教科書のまとめ」の因数分解の公式❷′, ❸′を使います。

❿
「教科書のまとめ」の因数分解の公式❹′を使います。
(1)積が2, 和が3になる2数を考えます。

テスト得ダネ
和が○, 積が△となる2数を見つけるとき, 積が△となる数を先に考えます。

⓫
(1)共通因数をくくり出してから, さらにかっこの中を因数分解します。
(4)式の中の共通な部分を, 1つの文字におきかえてから, 因数分解します。

Step 1 基本チェック　2節 式の計算の利用

15分

教科書のたしかめ ［　］に入るものを答えよう！

❶ 式の計算の利用

▶ 教 p.29-32　Step 2 ❶-❹

解答欄

□(1) $67^2-33^2=(67+33)\times(67-33)=$［$100\times34$］$=3400$　(1)

□(2) $143^2-43^2=(143+43)\times(143-43)=$［$186\times100$］$=18600$　(2)

□(3) $29^2=(30-1)^2=$［$30^2-2\times30\times1+1^2$］$=841$　(3)

□(4) $103\times97=(100+3)\times(100-3)=$［$100^2-3^2$］$=$［$9991$］　(4)

□(5) $x=25$，$y=-3$ のとき，次の式の値を求めなさい。

$(x+2y)^2-(x-2y)^2=(x^2+4xy+4y^2)-(x^2-4xy+4y^2)$

$=$［$8xy$］$=8\times25\times(-3)=-600$　(5)

□(6) 連続する 2 つの偶数(ぐうすう)の積は，4 の倍数であることを示す。

連続する 2 つの偶数は，整数 n を使って，$2n$，$2n+2$ と表される。

それらの積は，［$2n(2n+2)$］$=4n(n+1)$ となる。　(6)

n は整数だから，$n(n+1)$ も整数である。

したがって，［$4n(n+1)$］は 4 の倍数だから，連続する 2 つの偶数の積は 4 の倍数になる。

□(7) 2 つの奇数(きすう)の積は，奇数であることを示す。

2 つの奇数は，整数 m，n を使って，$2m+1$，$2n+1$ と表される。

それらの積は，$(2m+1)(2n+1)=2$［$(2mn+m+n)$］$+1$ となる。　(7)

m，n は整数だから，$2mn+m+n$ も整数である。

したがって，［$2(2mn+m+n)+1$］は奇数だから，2 つの奇数の積は奇数になる。

□(8) 連続する 2 つの奇数の積に 1 を加えると，偶数の 2 乗になることを示す。

連続する 2 つの奇数は，n を整数として，$2n-1$，［$2n+1$］と表されるので，$(2n-1)($［$2n+1$］$)+1=4n^2-1+1=($［$2n$］$)^2$　(8)

n は整数だから，$2n$ は偶数である。

したがって，(［$2n$］$)^2$ は偶数の 2 乗だから，連続する 2 つの奇数の積に 1 を加えると，偶数の 2 乗になる。

教科書のまとめ ＿に入るものを答えよう！

□ 式の値の計算は，式を簡単にしてから代入する。また，与えられている式が因数分解できるときは，因数分解してから代入すると，簡単に計算できる場合がある。

□ 連続する 3 つの整数は，整数 n を使って，$n-1$，n，$n+1$ と表される。

□ 連続する 2 つの偶数は，整数 n を使って，$2n$，$2n+2$ と表され，連続する 2 つの奇数は，整数 n を使って，$2n-1$，$2n+1$ と表される。

Step 2 予想問題

2節 式の計算の利用

1ページ 30分

【式の計算の利用①(因数分解を利用した計算・展開を利用した計算)】

1 展開や因数分解を利用して，次の計算をしなさい。

□(1) 65^2-35^2　　□(2) 101^2　　□(3) 36×44

ヒント

1

(1) $(65+35)\times(65-35)$

(2) $(100+1)^2$

(3) $(40-4)\times(40+4)$

【式の計算の利用②(式の値の計算)】

よく出る

2 次の式の値を求めなさい。

□(1) $x=26$ のとき，$(5-x)(5+x)+(x+3)(x-7)$ の値

□(2) $x=-\dfrac{1}{3}$，$y=\dfrac{3}{4}$ のとき，$(x+y)^2-(x-y)^2$ の値

2

式を簡単にしてから，代入します。

テスト得ダネ

式の値を求める問題は，よく出題されます。いきなり代入せず，式を変形して簡単にしてから，代入しましょう。

【式の計算の利用③(整数の性質の証明)】

3 □ 連続する2つの奇数の2乗の差は，8の倍数です。このことを証明しなさい。

3

連続する2つの奇数は，整数 n を使って，$2n-1$，$2n+1$ と表します。

【式の計算の利用④(図形の性質の証明)】

4 □ 縦の長さが p，横の長さが q の長方形の土地のまわりに，右の図のように幅 a の道がついています。この道の面積を S，道のまん中を通る線の長さを ℓ とするとき，$S=a\ell$ となることを証明しなさい。

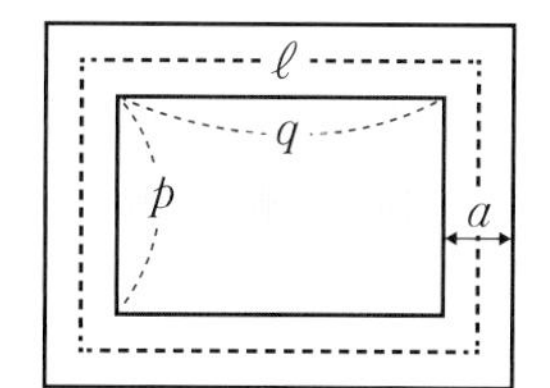

4

S を p，q，a を使って表します。中央を通る線でつくられる長方形の，縦は $p+a$，横は $q+a$ です。道の面積は，もっとも大きい長方形の面積からもっとも小さい長方形の面積をひいて求めます。

Step 3 予想テスト

1章 式の展開と因数分解

30分

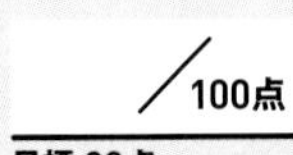
/100点
目標 80点

1 次の計算をしなさい。知　18点(各3点)

□(1) $(2x-3y)\times 4xy$

□(2) $-\frac{2}{3}a(3a-6b+15)$

□(3) $(6x^2-9x)\div(-3x)$

□(4) $(10x^2y-15xy^2)\div 5xy$

□(5) $(4x^2y-6xy)\div\left(-\frac{2}{3}x\right)$

□(6) $(6a^2b^2-9a^2b-12ab^2)\div\left(-\frac{3}{5}ab\right)$

2 次の式を計算しなさい。知　24点(各3点)

□(1) $(a-1)(b-1)$

□(2) $(a+4b)(a-7b)$

□(3) $(x+1)(x^2-x+1)$

□(4) $(x+3)(x+5)$

□(5) $(y+3)(y-8)$

□(6) $(x-5y)^2$

□(7) $(x+4y)(x-4y)$

□(8) $(x+4)^2-(x+2)(x-4)$

3 次の式を因数分解しなさい。知　30点(各3点)

□(1) $ax-2ay+a$

□(2) $12a^2-9a$

□(3) $9x^2-1$

□(4) $x^2-16x+64$

□(5) $a^2+a+\frac{1}{4}$

□(6) y^2+5y+6

□(7) $x^2-2x-120$

□(8) $-x-30+x^2$

□(9) $(a-3b)^2-36$

□(10) $(x+2y)^2+6(x+2y)-7$

4 展開を利用して，次の計算をしなさい。考　8点(各4点)

□(1) 98^2

□(2) 104×96

成績評価の観点　知…数量や図形などについての知識・技能　考…数学的な思考・判断・表現

5 次の式の値を求めなさい。考　10点(各5点)

□(1)　$x=7$，$y=4$ のとき，$(x-3y)(x+3y)-(x+y)(x-9y)$ の値

□(2)　$a=6.65$，$b=3.35$ のとき，a^2-b^2 の値

点UP **6** 連続する3つの整数のまん中の数の2乗から1をひくと，残りの2数の積に等しくなります。

□ このことを証明しなさい。考　10点

1	(1)	(2)	(3)
	(4)	(5)	(6)
2	(1)	(2)	(3)
	(4)	(5)	(6)
	(7)	(8)	
3	(1)	(2)	(3)
	(4)	(5)	(6)
	(7)	(8)	(9)
	(10)		
4	(1)	(2)	
5	(1)	(2)	
6			

1 ／18点　**2** ／24点　**3** ／30点　**4** ／8点　**5** ／10点　**6** ／10点

[解答▶p.5]

Step 1 基本チェック　1節 平方根

15分

教科書のたしかめ　[ ]に入るものを答えよう！

❶ 平方根　▶ 教 p.40-43　Step 2 ❶-❼

解答欄

□(1) 25 の平方根は[5]と[-5]である。　(1)

□(2) $\dfrac{36}{49}$ の平方根は[$\dfrac{6}{7}$]と[$-\dfrac{6}{7}$]である。　(2)

□(3) 6 の平方根を根号を使って表すと，[$\sqrt{6}$]と[$-\sqrt{6}$]　(3)

□(4) $\sqrt{121}=\sqrt{11^2}=$[11]，$-\sqrt{64}=-\sqrt{8^2}=$[-8]　(4)

□(5) $(\sqrt{3})^2=$[3]，$(-\sqrt{15})^2=$[15]，$(\sqrt{36})^2=$[36]　(5)

□(6) $\sqrt{11}$ と $\sqrt{15}$ の大小を，不等号を使って表すと，$\sqrt{11}$[$<$]$\sqrt{15}$　(6)

□(7) 5 と $\sqrt{23}$ の大小は，$5^2=25$，$(\sqrt{23})^2=23$ で $25>23$ であるから，
[5]$>$[$\sqrt{23}$]　(7)

□(8) $-\sqrt{0.1}$ と -0.1 の大小は，$0.1=\sqrt{0.01}$ で，$0.1>0.01$ であるから，
[$-\sqrt{0.1}$]$<$[-0.1]　(8)

❷ 平方根の値　▶ 教 p.44-45　Step 2 ❽

□(9) $2.4^2=5.76$，$2.5^2=6.25$ で，$5.76<6<6.25$ だから，
$2.4<\sqrt{6}<$[2.5]となり，$2.44^2=5.9536$，$2.45^2=6.0025$ より，
$5.9536<6<6.0025$ だから，$2.44<\sqrt{6}<$[2.45]となる。　(9)

❸ 有理数と無理数　▶ 教 p.46-47　Step 2 ❾

□(10) 2，0.5 を分数で表すと，それぞれ[$\dfrac{2}{1}$]，[$\dfrac{1}{2}$]　(10)

□(11) $\sqrt{2}$，$\sqrt{36}$，$\sqrt{7}$，π，$\sqrt{0.01}$ の中から，無理数をすべて選ぶと，
[$\sqrt{2}$，$\sqrt{7}$，π]　(11)

□(12) $\dfrac{3}{5}$，$\dfrac{1}{9}$，$\dfrac{1}{4}$ を小数で表したとき，循環(じゅんかん)小数になるのは，[$\dfrac{1}{9}$]　(12)

❹ 真の値と近似値　▶ 教 p.48-49　Step 2 ❿

教科書のまとめ　___に入るものを答えよう！

□正の数 a，b について，$a<b$ ならば，$\sqrt{a}$ $<$ $\sqrt{b}$

□整数 m と，0 でない整数 n を使って，分数 $\dfrac{m}{n}$ の形に表される数を 有理数 といい，$\sqrt{2}$ などのように分数では表すことができない数を 無理数 という。

□分数(整数以外の有理数)を小数で表すと， 有限 小数か循環小数になる。

□長さや重さなどを測定したとき，真の値と多少のちがいがあっても，それに近い値が得られる。このように，真の値に近い値のことを 近似値 という。

Step 2 予想問題　1節 平方根

【平方根①】

1 次の数の平方根を求めなさい。　よく出る

□(1) 4　□(2) 64　□(3) 0.49　□(4) 0.01

□(5) $\frac{16}{81}$　□(6) 7　□(7) 0.9　□(8) $\frac{1}{3}$

【平方根②(根号の意味)】

2 次の数を，$\sqrt{}$ を使わずに表しなさい。　よく出る

□(1) $\sqrt{9}$　□(2) $\sqrt{121}$　□(3) $-\sqrt{49}$

□(4) $-\sqrt{0.36}$　□(5) $-\sqrt{1}$　□(6) $\sqrt{\frac{4}{25}}$

【平方根③(平方根の2乗)】

3 次の値を求めなさい。

□(1) $(\sqrt{7})^2$　□(2) $(-\sqrt{3})^2$　□(3) $-(\sqrt{10})^2$

【平方根④(平方根と根号)】

4 次の(1)～(4)の下線部の誤りをなおして正しくしなさい。

□(1) 100 の平方根は <u>10</u> である。　□(2) $\sqrt{16}$ は <u>±4</u> である。

□(3) $\sqrt{(-3)^2}$ は <u>−3</u> である。　□(4) $(-\sqrt{6})^2$ は <u>−6</u> である。

【平方根⑤(平方根の大小①)】

5 次の各組の数の大小を，不等号を使って表しなさい。

□(1) 3, $\sqrt{5}$　□(2) $\sqrt{\frac{1}{3}}$, $\frac{1}{3}$　□(3) $-\sqrt{3}$, -1.6

ヒント

1
正の数の平方根は，正と負の2つあります。

ミスに注意
小数の平方根を求める場合，位どりを正確にしましょう。

2
正負の符号が決定しているので，答えに±はつきません。
(1) $\sqrt{9}$ は，9 の平方根の正のほうです。
$9=3^2$
(6) $\sqrt{\frac{4}{25}}=\sqrt{\left(\frac{2}{5}\right)^2}$

3
a を正の数とするとき，
$(\sqrt{a})^2=a$
$(-\sqrt{a})^2=a$
(2) $(-\sqrt{3})^2$
$=(-\sqrt{3})\times(-\sqrt{3})$

4
(2) $\sqrt{a}$ は，正の方の平方根です。
(3) $\sqrt{(-3)^2}=\sqrt{9}$
(4) (負の数)^2＝正の数

5
$\sqrt{}$ のついていない数を，$\sqrt{}$ をつけて表したあと，くらべます。

[解答▶p.6]

【平方根⑥(平方根の大小②)】

6 次の数を，小さい方から順に並べなさい。

□ $0,\quad -\sqrt{3},\quad \sqrt{2},\quad -\sqrt{6},\quad \sqrt{5}$

(　　　　　)

【平方根⑦(平方根の大小③)】

7 次の大小関係にあてはまる自然数 a を，すべて求めなさい。

□(1) $\sqrt{a}<3$　(　　　　　)

□(2) $6.9<\sqrt{a}<7$　(　　　　　)

□(3) $3.1<\sqrt{a}<3.4$　(　　　　　)

□(4) $-2<-\sqrt{a}<0$　(　　　　　)

【平方根の値】

点UP **8** $\sqrt{7}$ を小数で表したときの小数第1位の数を，次のように求めました。(　　)にあてはまる数を求めなさい。

$2.6^2=6.76$，$2.7^2=7.29$ から，(□(1)　　　) $<\sqrt{7}<$ (□(2)　　　)

したがって，$\sqrt{7}$ の小数第1位の数は(□(3)　　　)である。

【有理数と無理数】

9 次の問いに答えなさい。

□(1) 次の数の中から，無理数をすべて選びなさい。

$-3,\quad 0,\quad \dfrac{29}{17},\quad \dfrac{\pi}{2},\quad 0.\dot{1}\dot{3},\quad \sqrt{3}$

(　　　　　)

□(2) 次の数を循環小数で表しなさい。

① $\dfrac{2}{9}$　② $\dfrac{6}{11}$　③ $\dfrac{15}{7}$

(　　　)(　　　)(　　　)

【真の値と近似値】

10 次の問いに答えなさい。

□(1) ある数 a の小数第2位を四捨五入した近似値が2.4であるとき，a の範囲(はんい)を，不等号を使って表しなさい。

(　　　　　)

□(2)あるゾウの重さを有効数字3けたで表した近似値は6800kgです。これを整数部分が1けたの小数と，10の何乗かの積の形に表しなさい。

(　　　　　)

ヒント

6
負の数は0より小さく，絶対値が大きいほど小さいです。a，b が正の数のとき，$a<b$ ならば，$\sqrt{a}<\sqrt{b}$ となります。

7
不等号の両側の数を，それぞれ $\sqrt{\ }$ をつけて表し，あてはまる自然数 a を求めます。
(4)符号にまどわされないように注意します。

8
(3)例えば，$1.3<a<1.4$ となるような数 a は，$a=1.3\cdots$ となるので，小数第1位の数は3になります。

9
(1)π は円周率で，3.14159…と循環することなく無限に続き，分数に表すことができません。
(2)③ $\dfrac{15}{7}=15\div7$ の計算をして，くり返されるところを見つけます。

10
(1)小数第2位を四捨五入して，2.4になる最小の数は2.35です。
(2)有効数字は3けたなので，十の位の0は有効数字ですが，一の位の0は有効数字ではありません。

[解答▶p.6]

Step 1 基本チェック　2節 根号をふくむ式の計算　3節 平方根の利用

15分

教科書のたしかめ　[ ]に入るものを答えよう！

2節 1 根号をふくむ式の乗法，除法

▶ 教 p.51-55　Step 2 1-5

解答欄

□(1) $\sqrt{6}\times\sqrt{7}=[\sqrt{42}]$

□(2) $\sqrt{2}\times(-\sqrt{18})=[-\sqrt{36}]=[-6]$

□(3) $\sqrt{12}\div\sqrt{2}=\left[\sqrt{\dfrac{12}{2}}\right]=[\sqrt{6}]$

□(4) $6\sqrt{2}$を$\sqrt{a}$の形に変形すると，$6\sqrt{2}=[\sqrt{6^2\times2}]=[\sqrt{72}]$

□(5) $\sqrt{90}=\sqrt{9\times10}=[\sqrt{9}]\times\sqrt{10}=[3\sqrt{10}]$

□(6) $\sqrt{12}\times\sqrt{40}=2\sqrt{3}\times[2\sqrt{10}]=[4\sqrt{30}]$

□(7) $\dfrac{5}{2\sqrt{5}}=\dfrac{5\times[\sqrt{5}]}{2\sqrt{5}\times\sqrt{5}}=\dfrac{5\sqrt{5}}{10}=\left[\dfrac{\sqrt{5}}{2}\right]$

□(8) $\sqrt{2}=1.414$として，$\sqrt{20000}=[100]\sqrt{2}=[141.4]$

(1)
(2)
(3)
(4)
(5)
(6)
(7)
(8)

2節 2 根号をふくむ式の計算

▶ 教 p.56-58　Step 2 6 7

□(9) $7\sqrt{2}+5\sqrt{5}-2\sqrt{2}-3\sqrt{5}=[5\sqrt{2}+2\sqrt{5}]$

□(10) $\sqrt{48}-\sqrt{27}+\sqrt{3}=4\sqrt{3}-[3\sqrt{3}]+\sqrt{3}=[2\sqrt{3}]$

□(11) $\sqrt{3}+\dfrac{6}{\sqrt{3}}=\sqrt{3}+\dfrac{[6\times\sqrt{3}]}{\sqrt{3}\times\sqrt{3}}=\sqrt{3}+\dfrac{6\sqrt{3}}{3}=[3\sqrt{3}]$

□(12) $(\sqrt{2}+\sqrt{5})^2=2+[2\sqrt{10}]+5=[7+2\sqrt{10}]$

(9)
(10)
(11)
(12)

3節 1 平方根の利用

▶ 教 p.60-61　Step 2 8 9

□(13) 直径10cmの円にちょうどはいる正方形の1辺の長さを求める。
正方形の対角線の長さは[10]cmだから，その面積は，
$[10]\times[10]\times\dfrac{1}{2}=[50]\ (\mathrm{cm}^2)$
よって，1辺の長さは，$\sqrt{50}=[5\sqrt{2}]$cm

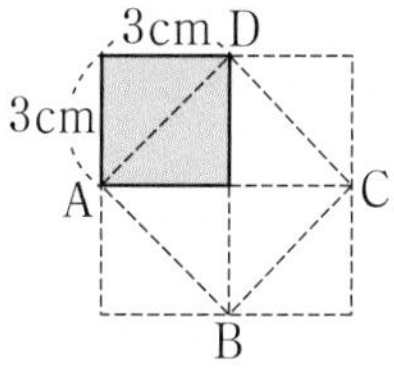

□(14) 右の図で，正方形ABCDの面積は，
$\left(3\times3\times\dfrac{1}{2}\right)\times4=[18]\ \mathrm{cm}^2$ だから，1辺3cmの正方形の対角線ADの長さは，$\mathrm{AD}=[\sqrt{18}]=[3\sqrt{2}]$cm

3cm D
3cm
A
C
B

(13)
(14)

教科書のまとめ　[ ]に入るものを答えよう！

□根号をふくむ数の積と商　a，bが正の数のとき，$\sqrt{a}\times\sqrt{b}=[\sqrt{a\times b}]$，$\dfrac{\sqrt{a}}{\sqrt{b}}=\left[\sqrt{\dfrac{a}{b}}\right]$

□ a，bが正の数のとき，$a\sqrt{b}=[\sqrt{a^2b}]$，$\sqrt{a^2b}=[a\sqrt{b}]$

□分母に$\sqrt{\ }$をふくまない形にすることを，分母を[有理化する]という。

□根号をふくむ式の計算　[分配法則]や[乗法の公式]を使って計算する。

Step 2 予想問題 2節 根号をふくむ式の計算 3節 平方根の利用

1ページ 30分

【根号をふくむ式の乗法，除法①】

1 次の計算をしなさい。

□(1) $\sqrt{3}\times\sqrt{7}$　□(2) $\sqrt{8}\times(-\sqrt{2})$　□(3) $\sqrt{5}\times\sqrt{80}$

（　　）（　　）（　　）

□(4) $(-\sqrt{15})\div\sqrt{5}$　□(5) $\sqrt{48}\div\sqrt{27}$　□(6) $\sqrt{6}\times\sqrt{2}\div\sqrt{3}$

（　　）（　　）（　　）

【根号をふくむ式の乗法，除法②($\sqrt{a}$ の形にする)】

2 次の数を $\sqrt{a}$ の形にしなさい。

□(1) $2\sqrt{2}$　□(2) $4\sqrt{3}$　□(3) $\dfrac{\sqrt{27}}{3}$

（　　）（　　）（　　）

【根号をふくむ式の乗法，除法③($\sqrt{}$ の中を簡単な数にする)】

3 次の数の $\sqrt{}$ の中をできるだけ簡単な数にしなさい。

□(1) $\sqrt{12}$　□(2) $\sqrt{32}$　□(3) $\sqrt{45}$

（　　）（　　）（　　）

□(4) $\sqrt{242}$　□(5) $\sqrt{\dfrac{3}{25}}$　□(6) $\sqrt{\dfrac{12}{49}}$

（　　）（　　）（　　）

【根号をふくむ式の乗法，除法④(分母の有理化)】

よく出る

4 次の数の分母を有理化しなさい。

□(1) $\dfrac{2}{\sqrt{5}}$　□(2) $\dfrac{\sqrt{2}}{\sqrt{6}}$　□(3) $\dfrac{6}{\sqrt{18}}$

（　　）（　　）（　　）

【根号をふくむ式の乗法，除法⑤($\sqrt{}$ をふくむ式の値)】

5 $\sqrt{2}=1.414$ として，次の値を求めなさい。

□(1) $\sqrt{18}$　□(2) $\dfrac{10}{\sqrt{2}}$

（　　）（　　）

ヒント

1
$\sqrt{a}\times\sqrt{b}=\sqrt{ab}$，
$\sqrt{a}\div\sqrt{b}=\dfrac{\sqrt{a}}{\sqrt{b}}=\sqrt{\dfrac{a}{b}}$
です。

2
$\sqrt{}$ の外の数は，2乗して $\sqrt{}$ の中に入れることができます。
$a\sqrt{b}=\sqrt{a^2b}$ です。

3
$\sqrt{a^2b}=a\sqrt{b}$ です。

テスト得ダネ
根号の中を，ある数の2乗との積の形で表せるようにすることがポイントです。

(6)分母，分子ともに変形します。

4
分母に根号をふくむ数では，分母と分子に同じ数をかけて，分母に根号をふくまない形に直します。

5
最初に，$\sqrt{}$ の中をできるだけ簡単な数にしたり，分母を有理化したりしておきます。

[解答▶p.7]

【根号をふくむ式の計算①($\sqrt{\ }$ をふくむ式の和と差)】

6 次の式を計算しなさい。

□(1) $6\sqrt{2}+2\sqrt{2}$　□(2) $4\sqrt{3}-3\sqrt{3}$　□(3) $7-6\sqrt{7}+2\sqrt{7}$

□(4) $\sqrt{24}-\sqrt{6}$　□(5) $\sqrt{27}+\sqrt{12}$　□(6) $\sqrt{80}-\sqrt{20}$

□(7) $\sqrt{50}+\sqrt{18}-\sqrt{32}$　□(8) $\sqrt{150}-2\sqrt{24}+\sqrt{54}$

□(9) $\dfrac{6}{\sqrt{3}}+\sqrt{3}$　□(10) $\sqrt{50}-\dfrac{20}{\sqrt{2}}$

ヒント

6
(4)〜(8) $\sqrt{\ }$ の中ができるだけ小さい自然数になるように変形してから計算します。
(9)(10)分母を有理化してから計算します。

ミスに注意
$6\sqrt{2}+2\sqrt{2}$
$=(6+2)\sqrt{2+2}$
$=8\sqrt{4}$
としてはいけません。

【根号をふくむ式の計算②($\sqrt{\ }$ をふくむ式の展開)】

7 次の式を計算しなさい。

□(1) $\sqrt{2}(\sqrt{8}-3)$　□(2) $(\sqrt{6}+5)(\sqrt{6}-2)$

□(3) $(\sqrt{7}-\sqrt{3})(\sqrt{7}+\sqrt{3})$　□(4) $(\sqrt{5}-\sqrt{2})^2$

□(5) $(\sqrt{3}+\sqrt{2})^2-(\sqrt{3}-\sqrt{2})^2$

7
分配法則や乗法の公式を使って，かっこをはずします。

ミスに注意
$\sqrt{a}\times\sqrt{a}=a$
となるので，展開したあと，まとめることのできる項に注意しましょう。

【平方根の利用①】

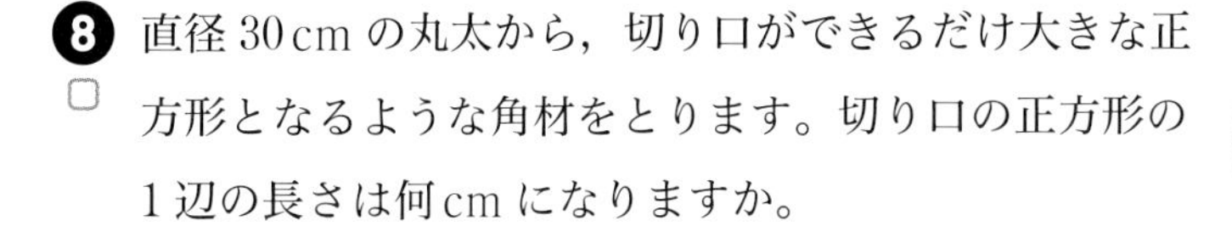

8 □ 直径 30cm の丸太から，切り口ができるだけ大きな正方形となるような角材をとります。切り口の正方形の1辺の長さは何cmになりますか。

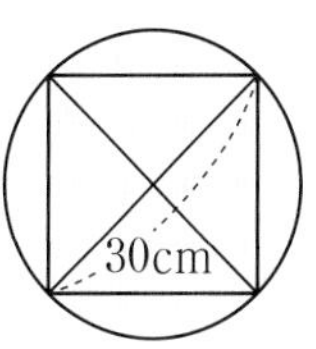

8
切り口の正方形を，対角線の長さが 30cm のひし形と考えて，まずその面積を求めます。

【平方根の利用②】

9 右の図で，正方形㋐，㋒の面積は 8cm^2，正方形㋑の面積は 4cm^2 です。次の面積を求めなさい。

□(1) 長方形 EGHF

□(2) 正方形 ABCD

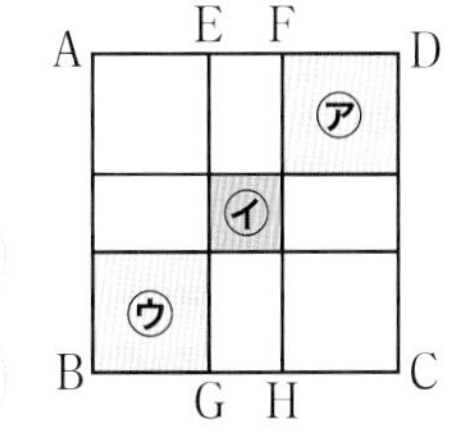

9
正方形㋐，㋑，㋒の1辺の長さをそれぞれ求めましょう。

Step 3 予想テスト　2章 平方根

30分　／100点　目標 80点

1 次の数の平方根を求めなさい。知　12点(各3点)

□(1) 16　□(2) 0.09　□(3) $\frac{25}{64}$　□(4) 0

2 次の問いに答えなさい。知　9点(各3点)

□(1) $\sqrt{36}$を，$\sqrt{\ }$ を使わないで表しなさい。

□(2) -2と$-\sqrt{5}$の大小を，不等号を使って表しなさい。

□(3) 4，π，$-\sqrt{7}$，$\sqrt{\frac{9}{25}}$の中から，無理数をすべて選びなさい。

3 次の数の分母を有理化しなさい。知　9点(各3点)

□(1) $\frac{1}{\sqrt{3}}$　□(2) $\frac{\sqrt{2}}{\sqrt{5}}$　□(3) $\frac{12}{\sqrt{8}}$

4 $\sqrt{3}=1.732$として，次の値を求めなさい。知 考　9点(各3点)

□(1) $\sqrt{12}$　□(2) $\sqrt{108}$　□(3) $\frac{3}{4\sqrt{3}}$

5 次の計算をしなさい。知　30点(各3点)

□(1) $\sqrt{5}\times\sqrt{3}$　□(2) $(-\sqrt{54})\div\sqrt{6}$

□(3) $\sqrt{21}\times\sqrt{14}$　□(4) $2\sqrt{3}+3\sqrt{3}$

□(5) $\sqrt{32}-\sqrt{18}$　□(6) $\sqrt{75}+\sqrt{27}-\sqrt{48}$

□(7) $4\sqrt{6}\div\sqrt{12}\times\sqrt{18}$　□(8) $\sqrt{\frac{7}{3}}-\frac{\sqrt{21}}{2}$

□(9) $(2\sqrt{3}-\sqrt{2})^2$　□(10) $(2\sqrt{5}-\sqrt{7})(3\sqrt{5}+5\sqrt{7})$

　成績評価の観点　知…数量や図形などについての知識・技能　考…数学的な思考・判断・表現

❻ 次の問いに答えなさい。知 考　　12点(各3点)

□(1) 次の数を，小さい方から順に書きなさい。

$\frac{3}{5}$，$\sqrt{\frac{3}{5}}$，$\frac{\sqrt{3}}{5}$，$\frac{3}{\sqrt{5}}$

□(2) $\sqrt{18a}$ の値が自然数となるような自然数 a のうち，もっとも小さいものを求めなさい。

□(3) ある数 a の小数第1位を四捨五入した近似値が18であるとき，a の範囲(はんい)を，不等号を使って表しなさい。

□(4) ある川の長さを有効数字3けたで表した近似値は73000mです。これを整数部分が1けたの小数と，10の何乗かの積の形に表しなさい。

❼ $x=\sqrt{5}+2$，$y=\sqrt{5}-2$ のとき，次の式の値を求めなさい。知 考　　9点(各3点)

□(1) $x+y$　　□(2) xy　　□(3) $x^2+3xy+y^2$

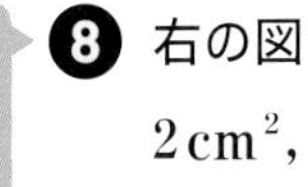

❽ 右の図で，正方形AEKH，IJKL，IFCGの面積はそれぞれ $10\,\mathrm{cm}^2$，$2\,\mathrm{cm}^2$，$10\,\mathrm{cm}^2$ です。次の問いに答えなさい。知 考　　10点(各5点)

□(1) 正方形EBFJの1辺の長さを求めなさい。

□(2) 正方形ABCDの面積を求めなさい。

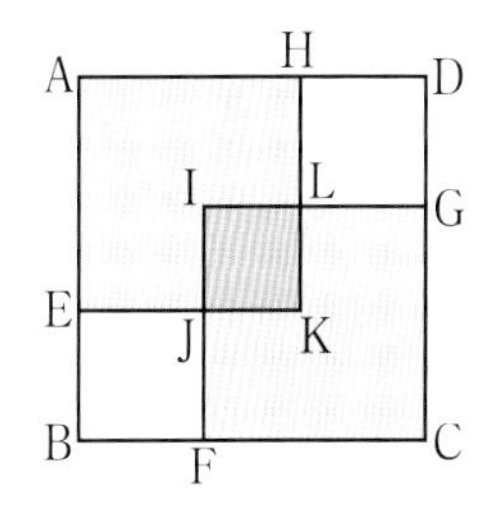

❶	(1)	(2)	(3)	(4)
❷	(1)	(2)	(3)	
❸	(1)	(2)	(3)	
❹	(1)	(2)	(3)	
❺	(1)	(2)	(3)	(4)
	(5)	(6)	(7)	(8)
	(9)	(10)		
❻	(1)	(2)	(3)	
	(4)			
❼	(1)	(2)	(3)	
❽	(1)	(2)		

[解答▶p.8-9]

❶ ／12点　❷ ／9点　❸ ／9点　❹ ／9点　❺ ／30点　❻ ／12点　❼ ／9点　❽ ／10点

Step 1 基本チェック 1節 二次方程式 2節 二次方程式の利用

15分

教科書のたしかめ [ ]に入るものを答えよう！

1節 ❶ 二次方程式とその解き方

▶ 教 p.68-71 Step 2 ❶-❺

解答欄

□(1) −2，−1，0，1，2 のうち，二次方程式 $x^2+x=0$ の解は，

[−1]，[0]

(1)

□(2) $(x-3)^2=11$ を解きなさい。

$x-3=$[$\pm\sqrt{11}$] $x=$[$3\pm\sqrt{11}$]

(2)

□(3) $x^2+6x=5$ を解きなさい。

x^2+6x+[9]$=5+$[9] [$(x+3)^2$]$=14$ $x=$[$-3\pm\sqrt{14}$]

(3)

1節 ❷ 二次方程式の解の公式

▶ 教 p.72-74 Step 2 ❻❼

□(4) $x^2-3x-2=0$ を解の公式を使って解きなさい。

$$x=\frac{-(-3)\pm\sqrt{(-3)^2-[\ 4\ ]\times1\times(-2)}}{2\times1}=\left[\ \frac{3\pm\sqrt{17}}{2}\ \right]$$

(4)

□(5) $2x^2-8x+5=0$ を解の公式を使って解きなさい。

$$x=\frac{8\pm\sqrt{64-40}}{4}=\frac{8\pm2\sqrt{[\ 6\ ]}}{4}=\left[\ \frac{4\pm\sqrt{6}}{2}\ \right]$$

(5)

1節 ❸ 二次方程式と因数分解

▶ 教 p.75-77 Step 2 ❽❾

□(6) $x^2-5x+4=0$ を解きなさい。

([$x-1$])([$x-4$])$=0$ $x=$[1]，[4]

(6)

□(7) $x^2+6x+9=0$ を解きなさい。

([$x+3$])$^2=0$ $x=$[−3]

(7)

2節 ❶ 二次方程式の利用

▶ 教 p.80-85 Step 2 ❿-⓭

□(8) ある自然数を2乗すると，その自然数を2倍して15を加えた数と等しくなる。この自然数を求めなさい。

ある自然数を x として方程式をつくると，[$x^2=2x+15$]

この方程式を整理して因数分解すると，$(x+3)(x-5)=0$ となる。

$x=-3$，5 で，x は自然数だから，求める自然数は，[5]

(8)

教科書のまとめ ___ に入るものを答えよう！

□ 二次方程式を成り立たせる文字の値を，その二次方程式の 解 という。

□ 二次方程式の解をすべて求めることを，その二次方程式を 解く という。

□ **二次方程式 $ax^2+bx+c=0$ の解の公式** $x=\dfrac{-b\pm\sqrt{b^2-4ac}}{2a}$

□ 二次方程式を利用して問題を解くときは，求めた解が 問題にあっているかどうか を調べる。

Step 2　予想問題　1節 二次方程式　2節 二次方程式の利用

1ページ 30分

【二次方程式とその解き方①($ax^2=b$ の解き方)】

❶ 次の二次方程式を解きなさい。

□(1) $x^2=16$　　□(2) $2x^2=30$　　□(3) $25x^2-7=0$

(　　　)　(　　　)　(　　　)

【二次方程式とその解き方②($(x+m)^2=n$ の解き方)】

よく出る

❷ 次の二次方程式を解きなさい。

□(1) $(x+1)^2=64$　　□(2) $(x-3)^2-49=0$

(　　　)　(　　　)

□(3) $(x-5)^2-10=0$　　□(4) $5(x+7)^2-25=0$

(　　　)　(　　　)

【二次方程式とその解き方③($(x+m)^2$ への変形)】

❸ 次の(　)にあてはまる数を書きなさい。

□(1) x^2+6x+(ア　　)$=(x+$(イ　　)$)^2$

□(2) x^2-8x+(ウ　　)$=(x-$(エ　　)$)^2$

【二次方程式とその解き方④($x^2+px+q=0$ の解き方①)】

よく出る

❹ 二次方程式 $x^2+4x-3=0$ を次のように解きました。(　)にあてはまる数を求めなさい。

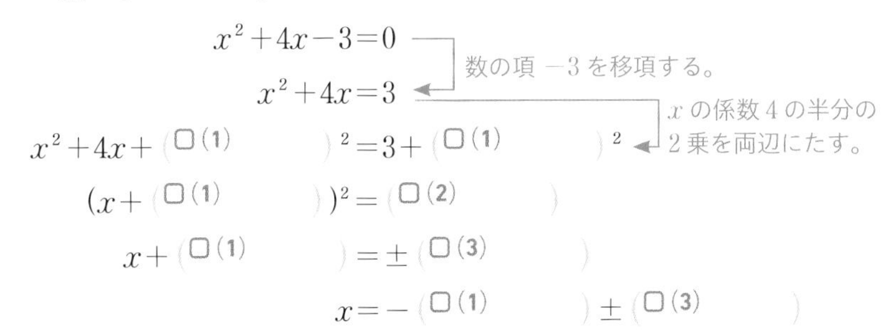

【二次方程式とその解き方⑤($x^2+px+q=0$ の解き方②)】

❺ 次の二次方程式を，$(x+m)^2=n$ の形にして解きなさい。

□(1) $x^2+6x-4=0$　　□(2) $x^2-10x+2=0$

(　　　)　(　　　)

ヒント

❶ $ax^2=b$ の形の方程式は，平方根の意味にもとづいて解くことができます。

❷ $(x+▲)^2=●$の形をした二次方程式は，かっこの中をひとまとまりとして，$ax^2=b$ の形の方程式の解き方と同じ方法で(平方根の意味にもとづいて)解くことができます。

❸ $x^2+px+\left(\frac{p}{2}\right)^2=\left(x+\frac{p}{2}\right)^2$ です。

❹ 式を変形して，$(x+m)^2=n$ の形にできれば，$ax^2=b$ の形の方程式の解き方と同じ方法で(平方根の意味にもとづいて)解くことができます。

❺ x の係数の $\frac{1}{2}$ の2乗を両辺に加えて変形します。

3章

【二次方程式の解の公式①】

6 二次方程式 $3x^2+5x-1=0$ を，解の公式を使って解きました。(　) にあてはまる数を書きなさい。

解の公式 $x=\dfrac{-b\pm\sqrt{b^2-4ac}}{2a}$ に，$a=$(ア　)，$b=$(イ　)，$c=$(ウ　)

を代入すると，

$x=\dfrac{(オ\quad)\pm\sqrt{(カ\quad)^2-4\times(キ\quad)\times((ク\quad))}}{2\times(エ\quad)}=\dfrac{(コ\quad)\pm\sqrt{(サ\quad)}}{(ケ\quad)}$

【二次方程式の解の公式②】

よく出る

7 次の二次方程式を，解の公式を使って解きなさい。

(1) $x^2-x-1=0$　(　)

(2) $x^2+4x-8=0$　(　)

(3) $x^2-6x-3=0$　(　)

(4) $2x^2-5x+3=0$　(　)

(5) $2x^2=x+4$　(　)

(6) $3x^2=2x+1$　(　)

【二次方程式と因数分解①】

よく出る

8 次の二次方程式を，因数分解を使って解きなさい。

(1) $(x+3)(x-5)=0$　(　)

(2) $(x+2)^2=0$　(　)

(3) $x^2-7x+12=0$　(　)

(4) $x^2+3x-10=0$　(　)

(5) $x^2+6x=0$　(　)

(6) $4x^2=-5x$　(　)

(7) $x^2-10x+25=0$　(　)

(8) $8x-x^2=12$　(　)

【二次方程式と因数分解②(いろいろな二次方程式)】

9 次の二次方程式を解きなさい。

(1) $x^2+x=6(x+1)$　(　)

(2) $(x-2)^2+8-3x=0$　(　)

(3) $(x+2)(x+4)=2x^2+17$　(　)

(4) $(x+3)^2+(x-7)(x+3)=0$　(　)

ヒント

6
解の公式に代入する a，b，c の値を確認しましょう。解が約分できるかどうかも確認します。解が有理数になるときや解が1つのときもあります。

7
テスト得ダネ
解の公式を使って二次方程式を解く問題はよく出ます。解の公式を正確に覚えて使いこなせるようにしておきましょう。

8
2つの数や式を A，B とするとき，
$AB=0$ ならば，
$A=0$ または $B=0$
(3)～(5) 左辺を因数分解します。
(6)～(8) (二次式)$=0$ の形に変形し，左辺を因数分解します。

ミスに注意
因数分解をして解を表すとき，符号のミスに注意しましょう。

9
式を整理して，(二次式)$=0$ の形に変形し，左辺を因数分解します。

テスト得ダネ
因数分解できそうか判断しましょう。

[解答▶p.10-11]

【二次方程式の利用①】

よく出る

⑩ 次の問いに答えなさい。

□(1) 連続する3つの正の整数があります。もっとも小さい数ともっとも大きい数の積が，まん中の数の6倍よりも26大きくなるとき，これらの3つの整数を求めなさい。

（　　　　）

□(2) ある数xを，2乗しなければならないところを，間違(まちが)えて2倍したため，計算の結果は48だけ小さくなりました。この数xを求めなさい。

（　　　　）

ヒント

⑩
(1)まん中の数をxとすると，連続する3つの正の整数は，$x-1$，x，$x+1$となります。

ミスに注意
求めた解が問題にあわない場合があるので，注意しましょう。

3章

【二次方程式の利用②】

⑪ 縦の長さが40m，横の長さが30mの長方形の土地があります。この土地に，右の図のような，同じ幅(はば)の道を縦と横につくり，残った土地の面積が875m²になるようにします。道幅を何mにすればよいですか。

□

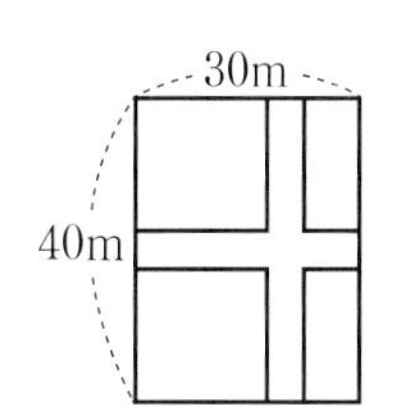

（　　　　）

⑪
道幅をxmとすると，残った土地の面積は，$(40-x)(30-x)$m²になります。

【二次方程式の利用③】

⑫ 右の図の直角三角形ABCの面積は8cm²です。また，辺ABの長さは辺BCの長さより4cm長くなっています。辺BCの長さを求めなさい。

□

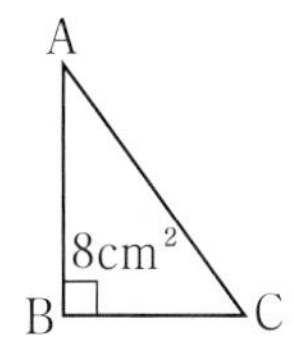

（　　　　）

⑫
BC＝$x$cmとして，△ABCの面積をxを使って表します。

【二次方程式の利用④】

⑬ AB＝12cm，BC＝24cmの長方形ABCDがあります。点Pは，辺BC上を毎秒2cmの速さでBからCまで動き，点Qは，辺CD上を毎秒1cmの速さでCからDまで動きます。

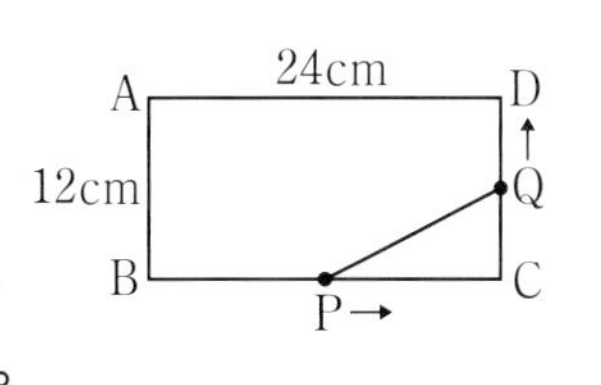

□(1) P，Qが同時に出発してから3秒後の△PCQの面積を求めなさい。

（　　　　）

□(2) P，Qが同時に出発するとき，△PCQの面積が32cm²になるのは何秒後ですか。

（　　　　）

⑬
(2)t秒後に△PCQの面積が32cm²になったとして，PCとCQの長さをtを使って表します。

テスト得ダネ
二次方程式を利用する文章題はよく出ます。数量の関係から，二次方程式をつくれるようにしましょう。

Step 3 予想テスト　3章 二次方程式

30分　／100点　目標 80点

1 次の問いに答えなさい。知 考　　6点（(2)完答，各3点）

□(1) 二次方程式 $x^2-9=0$ を解きなさい。

□(2) 次の㋐～㋓の方程式のうち，解の1つが3または -3 であるものはどれですか。

㋐ $x(x+3)=0$　　㋑ $x^2-2x=8$　　㋒ $2x^2=6x-3$　　㋓ $(x-3)^2=0$

2 次の二次方程式を解きなさい。知　　50点（各5点）

□(1) $3x^2=81$　　□(2) $(x+5)^2=20$

□(3) $x^2-4x-12=0$　　□(4) $x^2+26x+169=0$

□(5) $x^2=10x$　　□(6) $x^2+6x=40$

□(7) $x^2-3x+1=0$　　□(8) $2x^2-8x+7=0$

□(9) $(x+2)(x-3)=14$　　□(10) $(x+1)(x-5)=3(x^2-5)$

3 次の問いに答えなさい。考　　8点（各4点）

□(1) 二次方程式 $x^2+ax-24=0$ の解の1つが -3 です。a の値を求めなさい。

□(2) (1)の二次方程式のもう1つの解を求めなさい。

4 □ 連続する3つの正の整数があります。それぞれを2乗した数の和が365になるとき，これら3つの整数を求めなさい。考　　6点

5 □ ある正の数に，3を加えてから2乗しなければならないところを，間違(まちが)えて3を加えてから2倍したため，計算の結果は63だけ小さくなりました。この正の数を求めなさい。考　　6点

　成績評価の観点　知…数量や図形などについての知識・技能　考…数学的な思考・判断・表現

❻ □ AB＝x cm，BC＝$2x$ cm の長方形の厚紙があります。この厚紙の 4 すみから 1 辺が 4 cm の正方形を切り取り，ふたのない直方体の容器をつくると，その容積は 768 cm^3 になりました。

このとき，x の値を求めなさい。ただし，厚紙の厚さは考えないものとします。考　8点

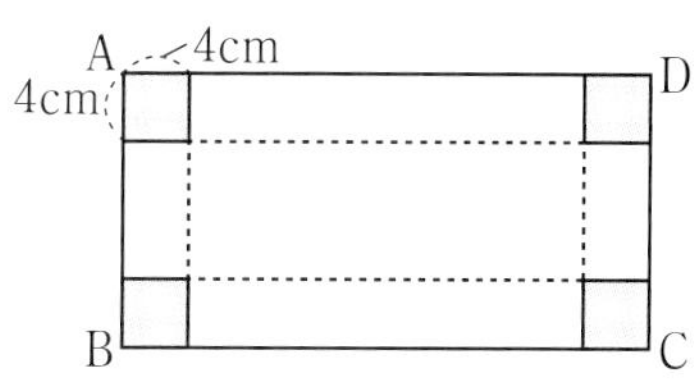

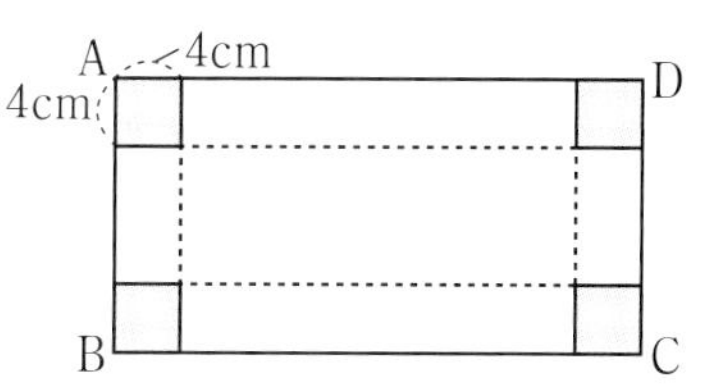

点UP

❼ 右の図のように，1 辺 12 cm の正方形 ABCD があります。点 P は，秒速 2 cm で辺 AB 上を A から B まで動きます。また，点 Q は，点 P と同時に出発して，秒速 3 cm で辺 BC 上を C から B まで動きます。ただし，点 P，Q の一方が B に到達したとき，他方は停止するものとします。次の問いに答えなさい。考　16点(各8点)

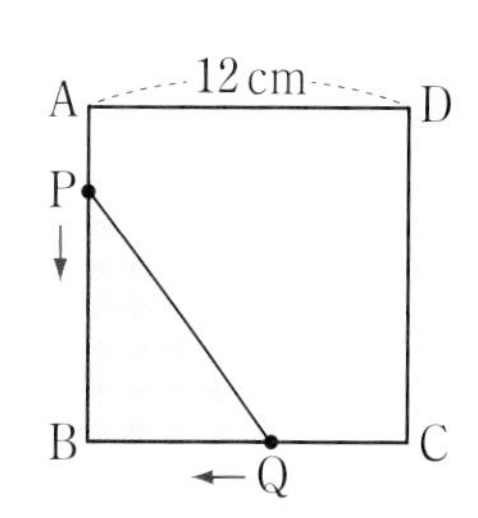

□(1)　点 P，Q が出発してからの時間を x 秒とするとき，x の変域を不等式で表しなさい。

□(2)　△PBQ の面積が 9 cm^2 になるのは，点 P，Q が出発してから何秒後ですか。

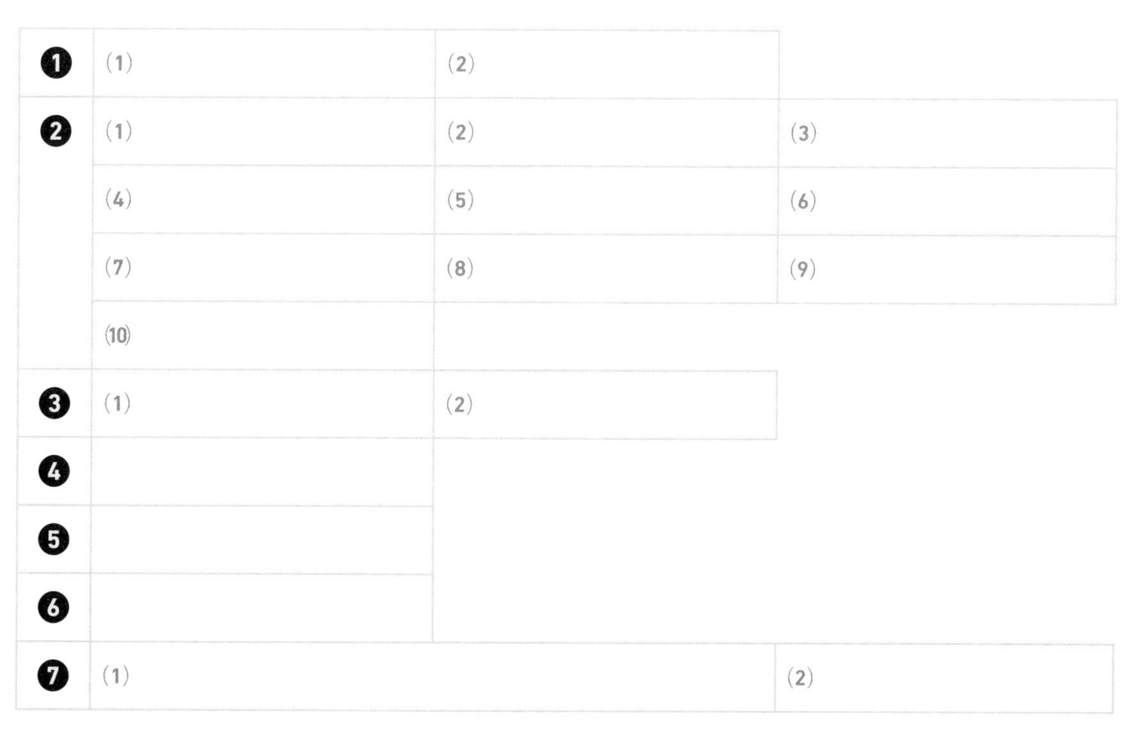

❶	(1)	(2)	
❷	(1)	(2)	(3)
	(4)	(5)	(6)
	(7)	(8)	(9)
	(10)		
❸	(1)	(2)	
❹			
❺			
❻			
❼	(1)	(2)	

Step 1　基本チェック　1節　関数とグラフ

15分

教科書のたしかめ　[　]に入るものを答えよう！

❶ 関数 $y=ax^2$　▶ 教 p.92-94　Step 2 ❶-❸

解答欄

□(1)　縦の長さが x cm，横の長さが縦の長さの 3 倍の長方形の面積を y cm^2 とするとき，x と y の関係を式に表すと，[$y=3x^2$]　(1)

□(2)　底面が 1 辺 x cm の正方形で，高さが 7 cm の正四角柱の体積を y cm^3 とするとき，y を x の式で表すと，[$y=7x^2$]　(2)

□(3)　y は x の 2 乗に比例し，$x=3$ のとき $y=18$ である。$y=ax^2$ とおいて，$x=3$，$y=18$ を代入して a の値を求めると，$a=$[2]　(3)
よって，y を x の式で表すと，[$y=2x^2$]

□(4)　関数 $y=2x^2$ について，$x=3$ のとき $y=$[18]　(4)

□(5)　関数 $y=x^2$ について，x の値が 3 倍になると，y の値は[9]倍になる。　(5)

❷ 関数 $y=ax^2$ のグラフ　▶ 教 p.95-101　Step 2 ❹

□(6)　関数 $y=-2x^2$ について，下の表を完成させなさい。　(6)

x	…	-2	-1	0	1	2	…
y	…	-8	-2	[0]	[-2]	[-8]	…

□(7)　次の関数のグラフをかきなさい。　(7)

㋐ $y=\frac{1}{2}x^2$　　㋑ $y=-\frac{1}{2}x^2$

□(8)　$y=3x^2$ のグラフ上の点は，$y=x^2$ のグラフ上の各点について，[y]座標を[3]倍にした点である。　(8)

□(9)　$y=5x^2$ のグラフと $y=$[$-5x^2$]のグラフは，[x 軸]について対称(たいしょう)である。　(9)

教科書のまとめ　＿＿に入るものを答えよう！

$y=ax^2$ のグラフの特徴(とくちょう)

□ グラフは 放物線 で，その軸(じく)は y 軸，頂点は 原点 である。

□ $a>0$ のとき，x 軸の 上側 にあり，上に 開いている。

□ $a<0$ のとき，x 軸の 下側 にあり，下に 開いている。

□ a の値の絶対値が大きいほど，グラフの開き方は 小さい 。

□ $y=ax^2$ のグラフと $y=-ax^2$ のグラフは，x 軸 について 対称 。

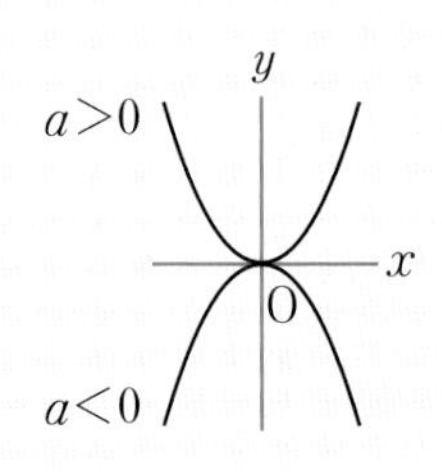

Step 2 予想問題　1節 関数とグラフ

1ページ 30分

【関数 $y=ax^2$ ①】

1 底面が直角二等辺三角形で，高さが10cmの三角柱があります。直角をはさむ2辺の長さを$x$cm，三角柱の体積を$y\text{cm}^3$とするとき，yはxの2乗に比例するといえますか。

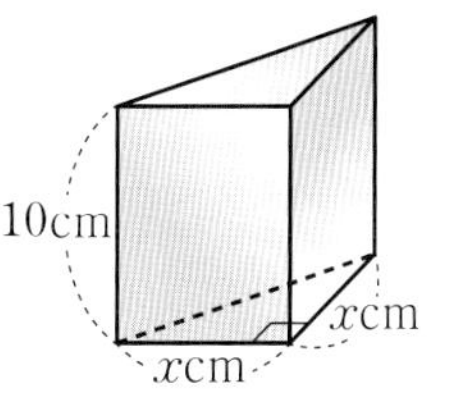

（　　　　）

【関数 $y=ax^2$ ②（xとyの関係を表す式）】

2 次の場合，xとyの関係を式に表しなさい。

□(1) 底辺が$x$cm，高さが$2x$cmの三角形の面積$y\text{cm}^2$　（　　　　）

□(2) 1辺が$x$cmの立方体の表面積$y\text{cm}^2$　（　　　　）

□(3) 底面が半径$x$cmの円で，高さが6cmの円錐（えんすい）の体積$y\text{cm}^3$　（　　　　）

【関数 $y=ax^2$ ③（関数の式を求める）】

よく出る

3 次の問いに答えなさい。

□(1) yはxの2乗に比例し，$x=4$のとき$y=64$です。xとyの関係を式に表しなさい。　（　　　　）

□(2) yはxの2乗に比例し，$x=6$のとき$y=9$です。$x=-4$のとき，yの値を求めなさい。　（　　　　）

□(3) yはxの2乗に比例し，$x=-3$のとき$y=-3$です。$y=-18$となるようなxの値をすべて求めなさい。　（　　　　）

【関数 $y=ax^2$ のグラフ】

4 次の関数のグラフを右の図にかきなさい。

□(1) $y=2x^2$

□(2) $y=-x^2$

□(3) $y=x^2$

□(4) $y=\frac{1}{4}x^2$

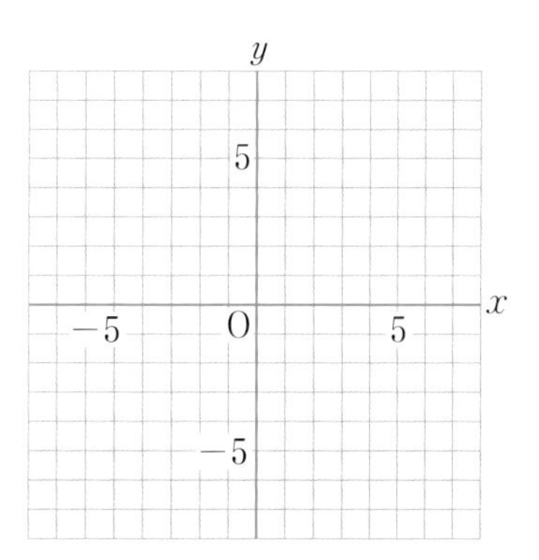

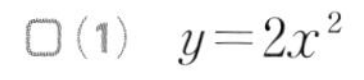

ヒント

1 （角柱の体積）＝（底面積）×（高さ）です。

2 yがxの2乗に比例するものは，式の形が，$y=ax^2$（aは比例定数）となります。

テスト得ダネ 数量の関係をことばの式で表すと，x，yの関係式をつくりやすいです。

3 まず，$y=ax^2$の式にx，yの値を代入して，aの値を求めます。

4 できるだけ多くの点をとり，それらをなめらかな曲線でつなぎます。

ミスに注意 きれいな放物線をかくために，点と点は直線で結ばないようにします。

4章

Step 1 基本チェック 2節 関数 $y=ax^2$ の値の変化 3節 いろいろな事象と関数

15分

教科書のたしかめ [ ]に入るものを答えよう！

2節 1 関数 $y=ax^2$ の値の増減と変域

▶ 教 p.103-105 Step 2 1 2

解答欄

□ (1) $y=3x^2$ のグラフは，x がどんな値をとっても $y \geqq$ [0] であり，y の値は $x=0$ のときに [最小] になる。

□ (2) $y=-x^2$ のグラフは，x がどんな値をとっても $y \leqq$ [0] であり，y の値は $x=0$ のときに [最大] になる。

□ (3) 関数 $y=x^2$ で，$-2<x<1$ のとき，
[0] $\leqq y <$ [4]

□ (4) 関数 $y=\dfrac{1}{2}x^2\ (-4 \leqq x \leqq 2)$ のグラフは，右の図の放物線の実線部分になる。
よって，y の変域は [0] $\leqq y \leqq$ [8]

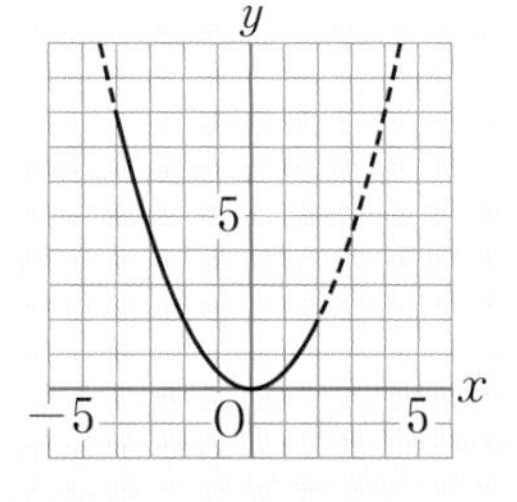

(1)

(2)

(3)

(4)

2節 2 関数 $y=ax^2$ の変化の割合

▶ 教 p.106-109 Step 2 3-5

□ (5) 関数 $y=2x^2$ について，x の値が 2 から 4 まで増加するときの変化の割合は，$\dfrac{(y\text{の増加量})}{(x\text{の増加量})}=\dfrac{[\ 32\ ]-8}{4-2}=$ [12] である。

(5)

□ (6) 関数 $y=-x^2$ について，x の値が 2 から 5 まで増加するときの変化の割合は，$\dfrac{(y\text{の増加量})}{(x\text{の増加量})}=\dfrac{[\ -25\ ]-(-4)}{5-2}=$ [−7] である。

(6)

3節 1 関数 $y=ax^2$ の利用

▶ 教 p.111-113 Step 2 6 7

□ (7) 時速 x km で走る自動車の制動距離(きょり)を y m とすると，y は x の2乗に比例することが知られている。時速 30 km のときの制動距離が 5.4 m のとき，x と y の関係は，$y=$ [$0.006x^2$] となる。

(7)

□ (8) 高いところからボールを落とすとき，落ち始めてから x 秒間に落ちる距離を y m とすると $y=5x^2$ と表せる。20 m 落下するには，$5x^2=20$ より，$x^2=$ [4] だから，[2] 秒間かかる。

(8)

3節 2 いろいろな関数

▶ 教 p.114-115 Step 2 8 9

教科書のまとめ ＿ に入るものを答えよう！

□ 関数 $y=ax^2$ の y の値の増減のようすは，$x=$ 0 の前後で変化する。

□ x の変域に制限があるときの y の変域は，グラフをかいて考える。

□ 関数 $y=ax^2$ の変化の割合は一定ではなく，(変化の割合) $=\dfrac{(y\text{ の増加量})}{(x\text{ の増加量})}$ で求める。

Step 2 予想問題　2節 関数 $y=ax^2$ の値の変化 3節 いろいろな事象と関数

1ページ 30分

【関数 $y=ax^2$ の値の増減と変域①(変域とグラフ)】

よく出る

1 次の関数のグラフを（　　）内の x の変域でかきなさい。

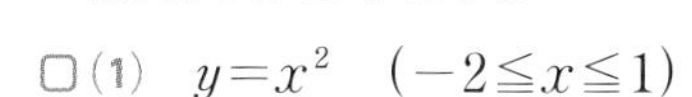

□(1)　$y=x^2$　$(-2\leqq x\leqq 1)$

□(2)　$y=-\dfrac{1}{2}x^2$　$(-3\leqq x\leqq 2)$

□(3)　$y=\dfrac{1}{4}x^2$　$(-2\leqq x\leqq 4)$

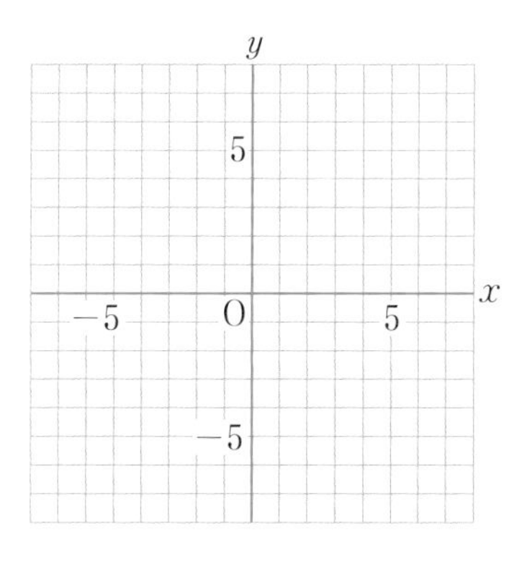

ヒント

1
変域のあるグラフは，変域にふくまれる部分は実線で，ふくまれない部分は破線でかきます。

【関数 $y=ax^2$ の値の増減と変域②(変域)】

2 次の関数について，y の変域を求めなさい。

□(1)　$y=2x^2$　$(-1\leqq x\leqq 2)$

（　　　　　　　　）

□(2)　$y=\dfrac{1}{4}x^2$　$(-4\leqq x\leqq 3)$

（　　　　　　　　）

□(3)　$y=-x^2$　$(-3\leqq x\leqq -1)$

（　　　　　　　　）

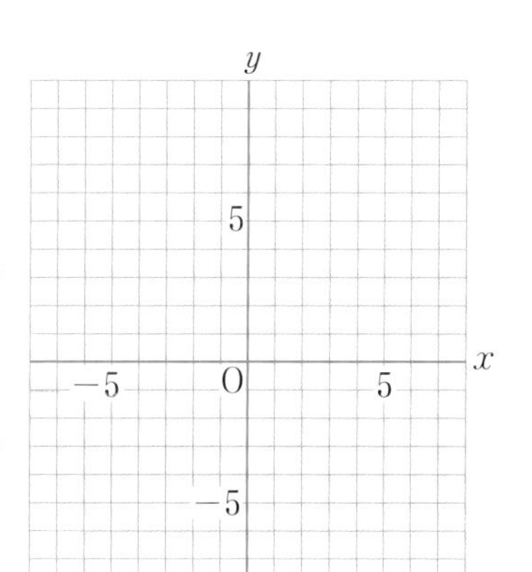

2
グラフをかいて考えます。

ミスに注意
x の変域に 0 がふくまれているときは，y の最大値か最小値が 0 になります。

【関数 $y=ax^2$ の変化の割合①】

よく出る

3 次の問いに答えなさい。

□(1)　関数 $y=\dfrac{1}{2}x^2$ について，x の値が 3 から 5 まで増加するときの変化の割合を求めなさい。

（　　　　　　　　）

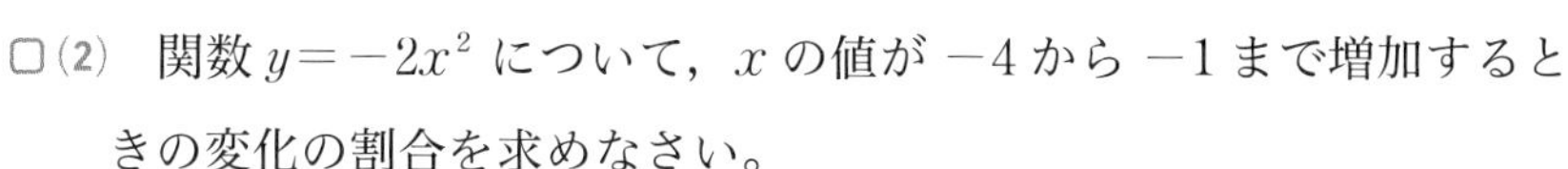

□(2)　関数 $y=-2x^2$ について，x の値が -4 から -1 まで増加するときの変化の割合を求めなさい。

（　　　　　　　　）

□(3)　y が x の 2 乗に比例し，x の値が 1 から 5 まで増加するとき，変化の割合が 6 となるような関数の式を求めなさい。

（　　　　　　　　）

3
(1)(変化の割合)
$=\dfrac{(y\text{ の増加量})}{(x\text{ の増加量})}$
(3)$y=ax^2$ とおいて，変化の割合を a の式で表し，それが 6 に等しいことから方程式をつくります。

4章

【関数 $y=ax^2$ の変化の割合②】

よく出る

❹ 次の問いに答えなさい。

□(1) 関数 $y=2x^2$ で，x の値が次のように増加するときの変化の割合を求めなさい。

① 2から6まで　　② −3から −1まで

（　　）　（　　）

□(2) 関数 $y=-\frac{1}{2}x^2$ で，x の値が次のように増加するときの変化の割合を求めなさい。

① 1から3まで　　② −5から −3まで

（　　）　（　　）

【関数 $y=ax^2$ の変化の割合③(平均の速さ)】

❺ ボールが斜面（しゃめん）をころがりはじめてからの時間を x 秒，その間にころがる距離を y m とすると，y は x の2乗に比例します。ある斜面にボールをころがしたところ，ボールがころがりはじめてから4秒間に32m ころがりました。このとき，次の問いに答えなさい。

□(1) x と y の関係を式に表しなさい。

（　　）

□(2) 1秒後から3秒後までの平均の速さを求めなさい。

（　　）

【関数 $y=ax^2$ の利用①(点の移動)】

❻ 右の図のような△ABC の辺 AB 上を，点 P が A から B まで動くとき，P を通って直線 AB と垂直な直線と AC との交点を Q とします。点 P の動いた距離を x cm，△APQ の面積を y cm² とするとき，次の問いに答えなさい。

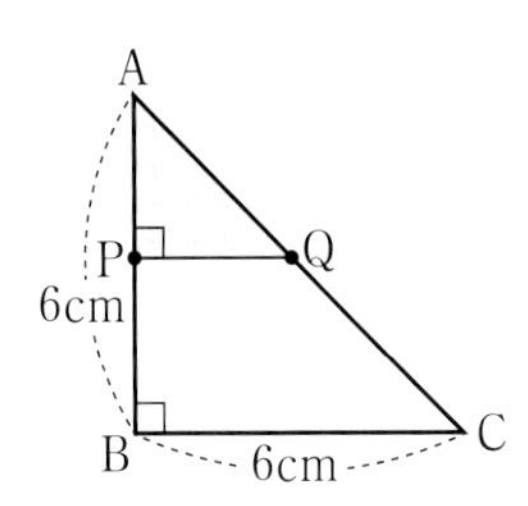

□(1) x と y の関係を式に表しなさい。

（　　）

□(2) (1)の関数について，x と y の変域をそれぞれ求めなさい。

x の変域（　　），y の変域（　　）

□(3) △APQ の面積と台形 PBCQ の面積が等しくなるときの x の値を求めなさい。

（　　）

ヒント

❹
一次関数のときと違（ちが）い，変化の割合は一定にはなりません。

テスト得ダネ
変化の割合の問題はよく出ます。
(変化の割合)
$=\frac{(y\text{の増加量})}{(x\text{の増加量})}$

❺
(2)平均の速さは変化の割合で求めることができます。

❻
(1)△APQ は直角二等辺三角形になります。
(3)台形 PBCQ の面積は，△ABC−△APQ で求められます。

[解答▶p.15-16]

【関数 $y=ax^2$ の利用②】

7 なめらかな水平面上を秒速 4m で進んできた球が，なめらかな斜面を上がっていき，その最高到達点の高さは 0.8m でした。球が斜面を上がるときの最高到達点の高さ ym は，水平面上の球の速さ xm/s（秒速 xm）の 2 乗に比例するものとして，次の問いに答えなさい。

秒速xm　ym

□(1) y を x の式で表しなさい。（　　　）

□(2) 水平面上を秒速6mで進む球は，斜面を高さ何mまで上がりますか。（　　　）

□(3) 水平面上を進んできた球の，斜面の最高到達点の高さが 0.45m でした。この球の水平面上での速さを求めなさい。（　　　）

ヒント

7
(1) $y=ax^2$ とおいて，x と y にそれぞれ数値を代入して，a の値を求めます。
(2) (1)で求めた式に数値を代入します。
(3) $ax^2=b$ の形の二次方程式を解きます。また，解が問題にあっているかどうかを調べます。

4章

【いろいろな関数①】

8 x の変域を $0 \leqq x \leqq 5$ とし，x の値の小数第 1 位を四捨五入した数値を y とします。次の問いに答えなさい。

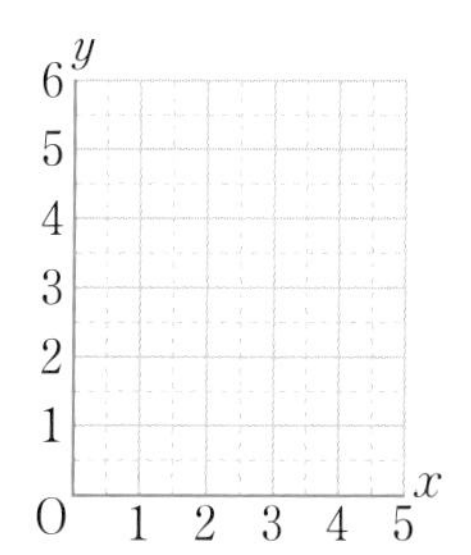

□(1) x の値が 2.49，3.53 のときの y の値をそれぞれ求めなさい。

2.49のとき（　　），3.53のとき（　　）

□(2) x と y の関係のグラフを，右の図に表しなさい。

8
(2) y はとびとびの値をとり，グラフは階段状になります。グラフは，端の点をふくむ場合は●，ふくまない場合は○を使って表します。

【いろいろな関数②】

9 右のグラフは，あるタクシー会社の走行距離と料金をグラフに表したものです。$x$km 走ったときの料金を y 円として，次の問いに答えなさい。

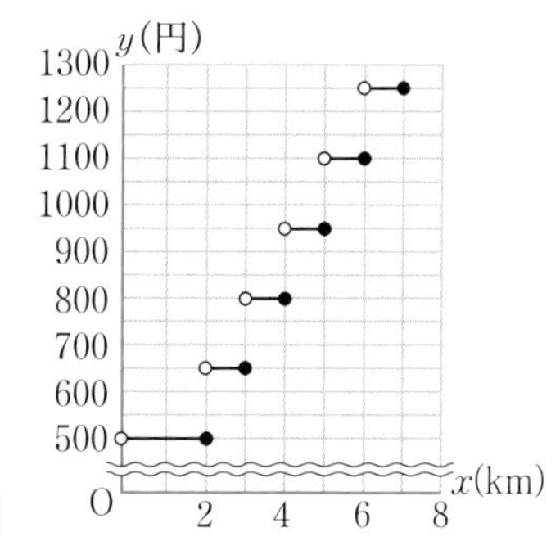

□(1) 2.5km 走ったときの料金はいくらですか。（　　　）

□(2) x の変域を，$0<x \leqq 6$ とするときの y のとる値をすべて求めなさい。（　　　）

□(3) 950 円払(はら)ったとき，走った距離 x の範囲(はんい)を，不等号を使って表しなさい。（　　　）

9
グラフで，端の点をふくむ場合は●，ふくまない場合は○を使って表しています。
(3) 不等号の ＜，≦ に注意して，x の範囲を求めます。

Step 3 予想テスト 4章 関数 $y=ax^2$

30分 ／100点 目標 80点

1 次の問いに答えなさい。知 12点(各4点)

□(1) y は x の2乗に比例し，$x=2$ のとき $y=6$ です。x と y の関係を式に表しなさい。

□(2) 関数 $y=x^2$ について，x の変域が $-2 \leqq x \leqq 4$ のときの y の変域を求めなさい。

□(3) 関数 $y=3x^2$ について，x の値が -3 から -1 まで増加するときの変化の割合を求めなさい。

2 下の㋐〜㋕の関数について，次の問いに答えなさい。知 16点((1)(3)完答，各4点)

㋐ $y=2x^2$　　㋑ $y=-\frac{1}{2}x^2$　　㋒ $y=5x^2$

㋓ $y=-x^2$　　㋔ $y=-2x^2$　　㋕ $y=\frac{1}{3}x^2$

□(1) グラフが上に開いた形になるものはどれですか。すべて選びなさい。

□(2) グラフの開き方が，もっとも大きいものはどれですか。

□(3) $x \leqq 0$ の範囲(はんい)で，x の値が増加するにつれて，y の値も増加するものはどれですか。すべて選びなさい。

□(4) 2つのグラフが x 軸(じく)について対称(たいしょう)になるものは，どれとどれですか。

3 次の問いに答えなさい。知 考 15点(各3点)

□(1) 関数 $y=-\frac{1}{4}x^2$ で，x の変域が $-4 \leqq x \leqq 2$ のときの y の変域を求めなさい。

□(2) 関数 $y=ax^2$ $(a>0)$ で，x の変域が $1 \leqq x \leqq 3$ のとき，y の変域は $4 \leqq y \leqq 36$ です。a の値を求めなさい。

□(3) 関数 $y=5x^2$ で，x の値が次のように増加するときの変化の割合を求めなさい。

① 1から6まで　　② -5 から -3 まで　　③ 2から3まで

4 右の関数 $y=ax^2$ のグラフを見て，次の問いに答えなさい。考 12点(各4点)

□(1) a の値を求めなさい。

□(2) この関数 $y=ax^2$ について，x の値が次のように増加するとき，変化の割合をそれぞれ求めなさい。

① -3 から -1 まで　　② 2から4まで

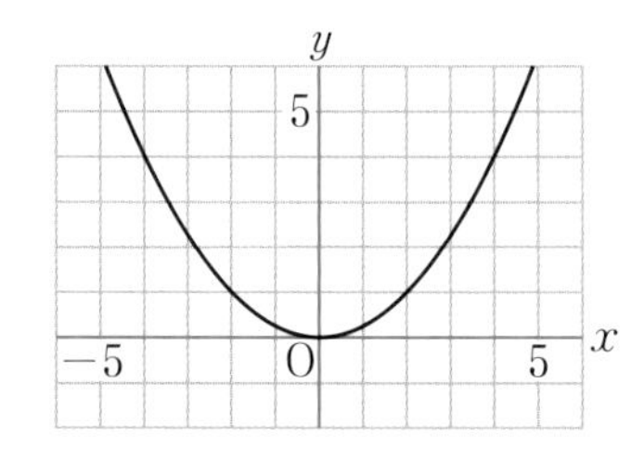

5 ある物体を落としてからの時間を x 秒，その間に物体が落下した距離を y m とすると，$y=5x^2$ という関係がありました。このとき，次の問いに答えなさい。考　15点(各5点)

□(1) ある物体を落としてから地面に落ちるまでに，2秒かかりました。この物体を何mの高さから落としましたか。

□(2) ある物体を80mの高さから落とすと，地面に落ちるまでに何秒かかりますか。

□(3) ある物体が落下しはじめてから，3秒後から5秒後までの平均の速さを求めなさい。

6 右の図のように，2つの直角二等辺三角形ABC，DEFが直線 ℓ 上で重なっています。ECの長さを x cm，2つの図形が重なる部分の面積を y cm^2 として，次の問いに答えなさい。考　15点(各5点)

□(1) x の変域が $0 \leqq x \leqq 4$ のとき，y を x の式で表しなさい。

□(2) 重なった部分の面積が，△ABCの面積の半分になるとき，x の値を求めなさい。

□(3) x の変域が $4 \leqq x \leqq 6$ のとき，y の式をかきなさい。

点UP **7** 右の図のように，関数 $y=x^2$ のグラフ上に，2点A，Bがあります。A，Bの x 座標が，それぞれ，-1，3であるとき，次の問いに答えなさい。

知 考　15点(各5点)

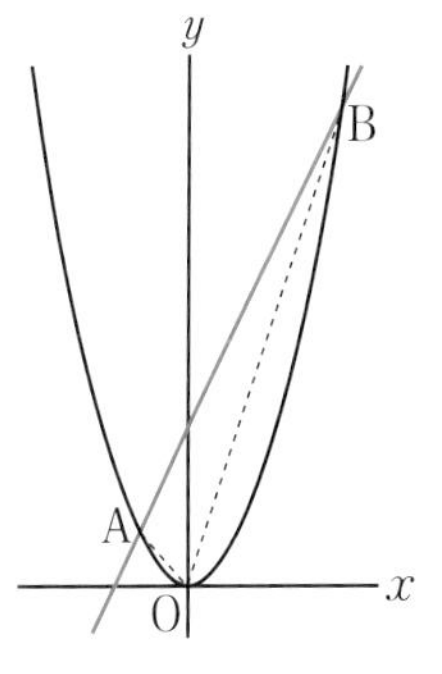

□(1) 2点A，Bを通る直線の式を求めなさい。

□(2) △AOBの面積を求めなさい。

□(3) 原点Oを通り，△AOBの面積を2等分する直線の式を求めなさい。

4章

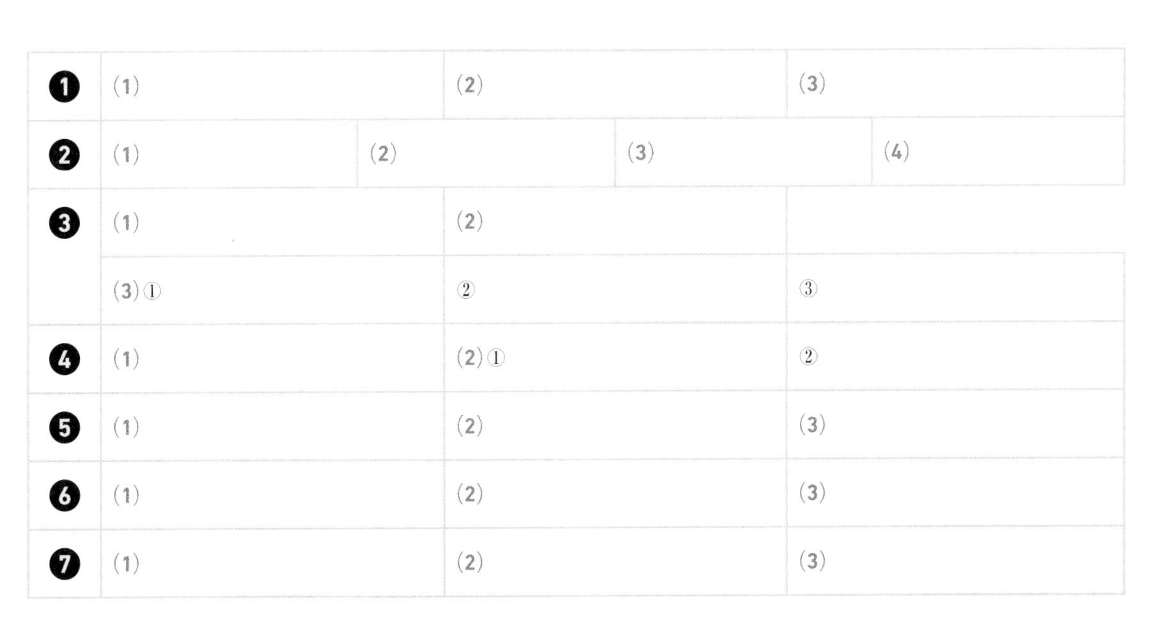

1	(1)	(2)	(3)	
2	(1)	(2)	(3)	(4)
3	(1)	(2)		
	(3)①	②	③	
4	(1)	(2)①	②	
5	(1)	(2)	(3)	
6	(1)	(2)	(3)	
7	(1)	(2)	(3)	

Step 1 基本チェック　1節 図形と相似

教科書のたしかめ　[ ]に入るものを答えよう！

❶ 相似な図形　▶ 教 p.122-125　Step 2 ❶

解答欄

□(1) 右の図形㋑は図形㋐の[2]倍の[拡大]図で，図形㋐と㋑が相似であることを記号を使って表すと，四角形ABCD[∽]四角形[EFGH]

右の図で，四角形ABCD∽四角形EFGHのとき，

□(2) 四角形ABCDと四角形EFGHの相似比は[3：2]で，EF＝x cmとすると，[18]：x＝3：2，3x＝[36]，x＝[12]，EF＝[12]cm

□(3) AD＝[30]cm，∠A＝[80]°，∠H＝[67]°

❷ 三角形の相似条件　▶ 教 p.126-128　Step 2 ❷-❹

次のそれぞれの図にあう相似条件を答えなさい。

□(4) 図1で，[3組の辺の比]がすべて等しい。

□(5) 図2で，[2組の角]がそれぞれ等しい。

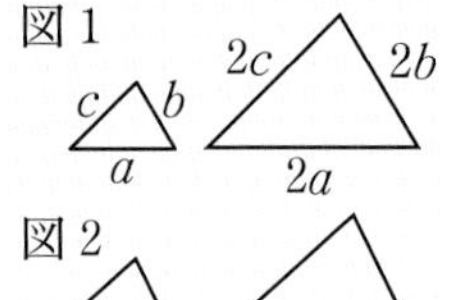

❸ 三角形の相似条件と証明　▶ 教 p.129-131　Step 2 ❺-❼

□(6) 右の図の△ABCにおいて，辺AC，AB上に，∠ADB＝∠AECとなるように点D，Eをとる。△ABDと△ACEで，
仮定より，∠ADB＝∠[AEC]　……①
共通な角だから，∠BAD＝∠[CAE]……②
①，②から，[2組の角]がそれぞれ等しいので，
△ABD[∽]△ACE

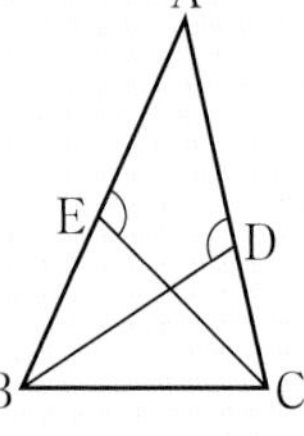

教科書のまとめ　___ に入るものを答えよう！

□ **相似**　2つの図形があって，一方の図形を拡大または縮小したものと，他方の図形が合同であるとき，この2つの図形は 相似 であるという。

□ 相似な図形では， 対応する線分の長さ の比は，すべて等しく， 対応する角の大きさ は，それぞれ等しい。また，相似な2つの図形で，対応する線分の長さの比を 相似比 という。

□ **三角形の相似条件**　①3組の 辺の比 が，すべて等しい。
②2組の 辺の比 と その間の角 が，それぞれ等しい。　③2組の 角 が，それぞれ等しい。

Step 2 予想問題　1節 図形と相似

1ページ 30分

【相似な図形】

❶ 右の図で，四角形 ABCD∽四角形 EFGH です。次の問いに答えなさい。

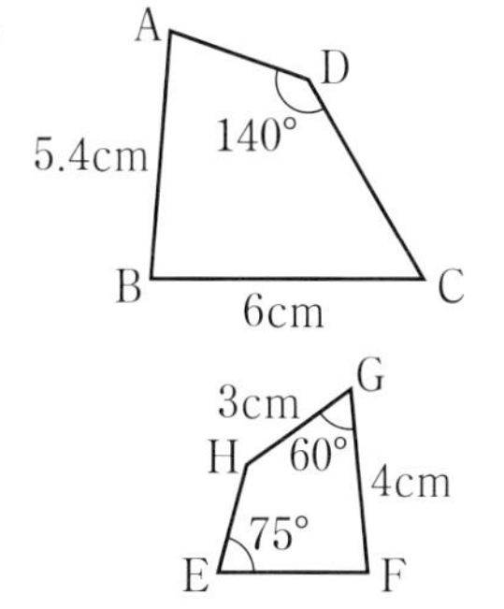

□(1) 四角形 ABCD と四角形 EFGH の相似比を求めなさい。（　　　）

□(2) 辺 CD，EF の長さを求めなさい。

CD（　　　），EF（　　　）

□(3) ∠B，∠C の大きさを求めなさい。

∠B（　　　），∠C（　　　）

【三角形の相似条件①】

❷ □ 次の図で，相似な三角形はどれとどれですか。また，そのときの相似条件を，次の ①～③ から選んで答えなさい。

相似条件
① 3 組の辺の比が，すべて等しい。
② 2 組の辺の比とその間の角が，それぞれ等しい。
③ 2 組の角が，それぞれ等しい。

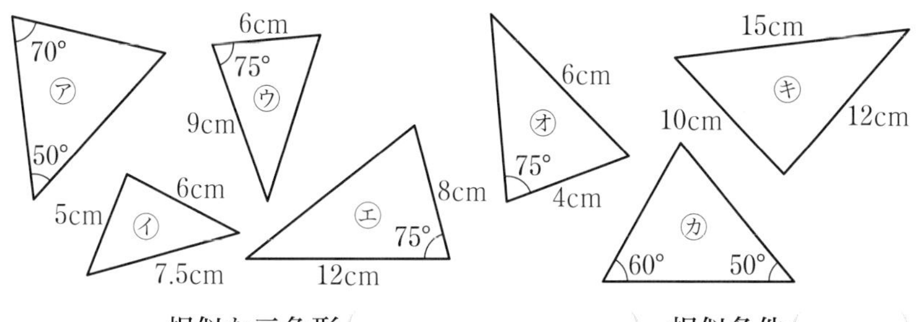

相似な三角形（　　　），相似条件（　　　）

相似な三角形（　　　），相似条件（　　　）

相似な三角形（　　　），相似条件（　　　）

【三角形の相似条件②】

❸ 次の図で，x の値を求めなさい。

□(1)

A
4cm
5cm
D
50°
E
3cm
$x$cm
50°
B
C

（　　　）

□(2)

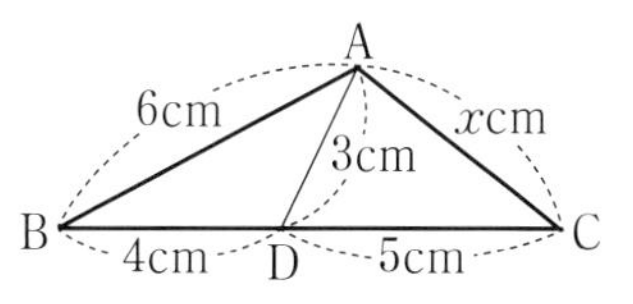

（　　　）

ヒント

❶
(1)相似比は対応する線分の長さの比です。
(2)対応する辺の比は等しいです。

ミスに注意
辺の長さを求める問題で比例式をつくるとき，対応する辺の順番を間違えないようにしましょう。

❷
相似条件にあてはめて考えます。対称移動(裏返す)させると相似に気づく三角形もあります。

テスト得ダネ
三角形の相似条件を答える問題はよく出題されます。ここで相似条件を正しく覚えておきましょう。

❸
相似な三角形をもとに比例式をつくります。
(1)対応する辺を間違えないようにします。
(2)△ABC と △DBA が相似です。

5章

【三角形の相似条件③】

4 右の図で，線分 BC，CD の長さを求めなさい。

BC（　　　　）

CD（　　　　）

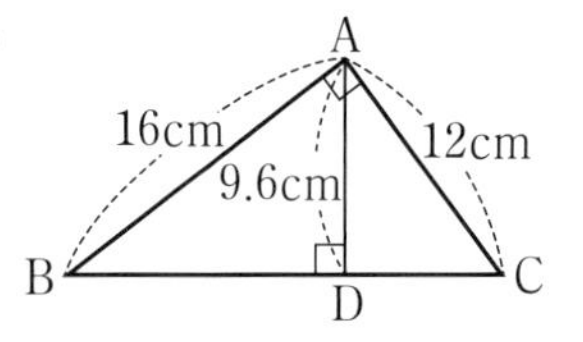

ヒント

4
△ABC∽△DBA，
△ABC∽△DAC
を利用します。三角形の相似条件のどれがあてはまるか考えます。

【三角形の相似条件と証明①】

5 右の図で，次の問いに答えなさい。

(1) △ABC∽△AED を証明しなさい。

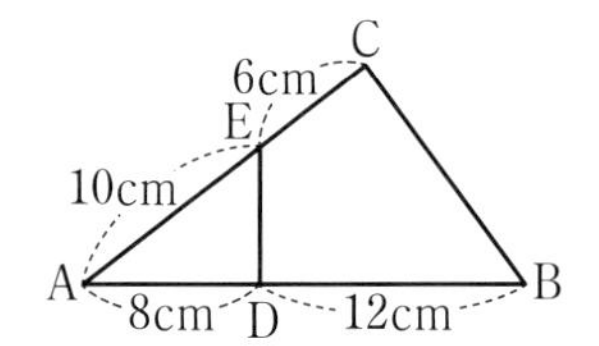

(2) BC＝12 cm のとき，ED の長さを求めなさい。（　　　　）

5
(1)相似な三角形を取り出して向きをそろえ，対応する辺の比をとってくらべます。
(2)ED＝x cm とおき，比例式をつくります。

【三角形の相似条件と証明②】

6 右の図のように，正三角形 ABC の辺 BC 上に点 D をとり，AD を 1 辺とする正三角形 ADE をつくります。AC と DE の交点を F とするとき，△ABD∽△AEF であることを証明しなさい。

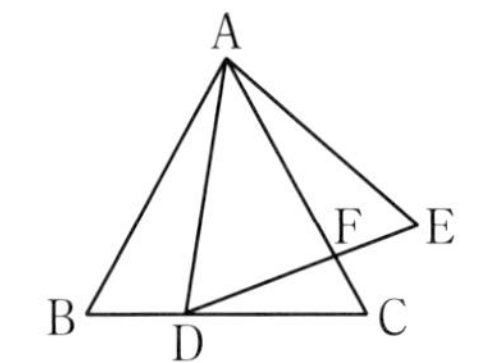

6
∠BAD
＝60°－∠DAC
∠EAF
＝60°－∠DAC

テスト得ダネ
相似の証明では，「2組の角が，それぞれ等しい」ことを示す問題が多いので，相似を証明するときは，まず角に着目しましょう。

【三角形の相似条件と証明③】

7 ∠A＝90°の △ABC で，A から斜辺（しゃへん）に垂線 AD をひき，∠B の二等分線と AD，AC との交点を，それぞれ，E，F とします。
このとき，BF：BE＝BA：BD であることを証明しなさい。

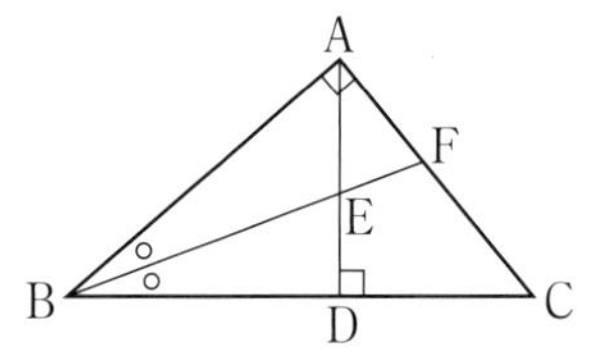

7
まず，△FAB と △EDB が相似であることを証明します。

［解答▶p.19-20］

Step 1 基本チェック　2節 平行線と線分の比

15分

教科書のたしかめ　[　]に入るものを答えよう！

❶ 平行線と線分の比　▶ 教 p.133-141　Step 2 ❶-❻

解答欄

□ (1) 右の図で，∠ABC＝[∠ADE]だから，DE[//]BC となる。このとき，AD：AB＝DE：[BC]が成り立つ。よって，4：8＝[5]：x　x＝[10]

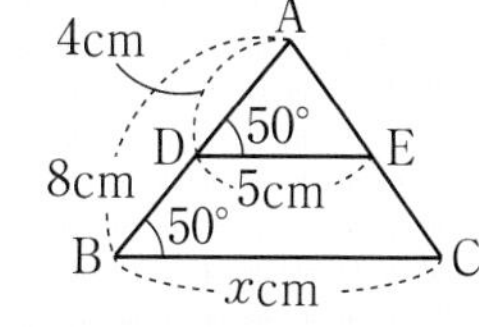

(1)

□ (2) 右の図で，DE//BC とするとき，AD：AB＝[DE]：[BC]となるから，4：6＝[5]：[x]　x＝[$\frac{15}{2}$]

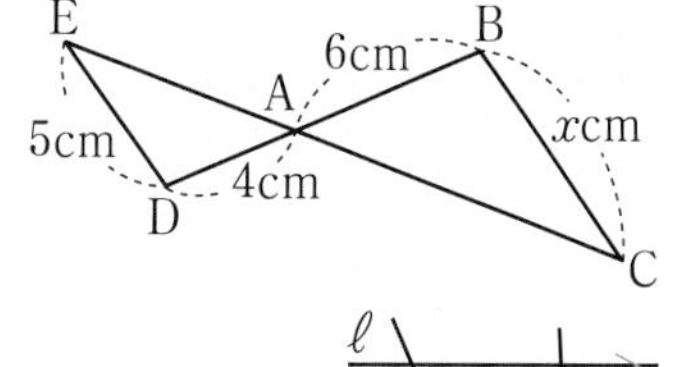

(2)

□ (3) 右の図で，直線 ℓ，m，n がたがいに平行であるとき，10：15＝[9]：[x]　x＝[$\frac{27}{2}$]

(3)

❷ 中点連結定理　▶ 教 p.142-143　Step 2 ❼❽

□ (4) △ABC の辺 AB，AC の中点をそれぞれ M，N とする。
MN＝4cm のとき，BC＝[8]cm
また，MN//BC より，∠ACB＝[70]°

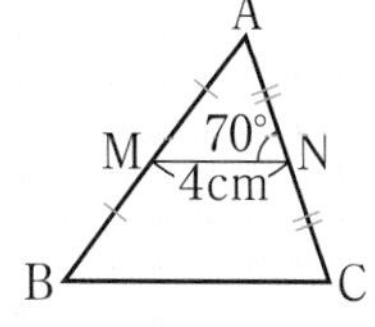

(4)

□ (5) 右の図の辺 BC，CA，AB の中点をそれぞれ D，E，F とするとき，△DEF の周の長さを求めなさい。
DE＋EF＋FD＝5＋[$\frac{9}{2}$]＋[4]＝[$\frac{27}{2}$]

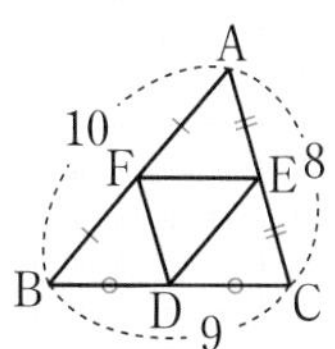

(5)

教科書のまとめ　＿＿に入るものを答えよう！

□ 右の図で，△ABC の辺 AB，AC 上の点をそれぞれ P，Q とするとき，
① PQ//BC ならば，AP：AB＝AQ：AC＝PQ：BC
② AP：AB＝AQ：AC ならば，PQ//BC
③ PQ//BC ならば，AP：PB＝AQ：QC
④ AP：PB＝AQ：QC ならば，PQ//BC

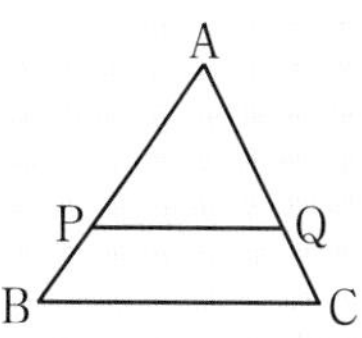

□ 平行な 3 つの直線 ℓ，m，n に，2 つの直線 p，q が交わっているとき，a：b＝a'：b'

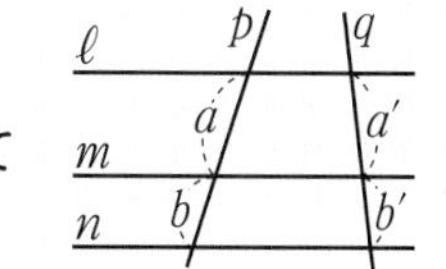

□ 右の図で，△ABC の 2 辺 AB，AC の中点をそれぞれ M，N とするとき，
MN // BC，MN＝$\frac{1}{2}$BC ➡ 中点連結定理

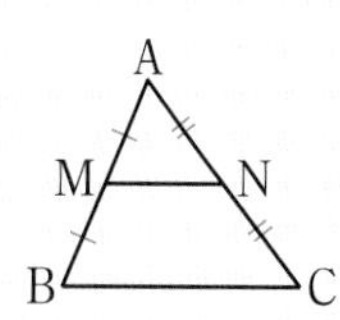

Step 2 予想問題　2節 平行線と線分の比

1ページ 30分

【平行線と線分の比①】

1 右の図で，PQ∥BC のとき，AP：PB＝AQ：QC になります。これを次のように証明しました。
（　）をうめて，証明を完成させなさい。

証明 点Qを通り辺ABに平行な直線をひき，BCとの交点をRとする。△APQと△QRCで，
平行線の（□(1)　　　）は等しいから，
PQ∥BC より，∠AQP＝∠QCR ……①
AB∥QR より，∠PAQ＝（□(2)　　　）……②
①，② より，（□(3)　　　）から，
△APQ∽△QRC
対応する辺の比は等しいから，AP：QR＝AQ：（□(4)　　　）……③
PQ∥BR，PB∥QR より，四角形PBRQは平行四辺形になるから，
QR＝（□(5)　　　）……④
③，④ より，AP：PB＝AQ：QC

ヒント

1
(1)∠AQP と∠QCR の位置関係のことです。
(3)三角形の相似条件が入ります。
(5)平行四辺形の対辺の性質を使います。

【平行線と線分の比②】

よく出る

2 次の図で，PQ∥BC のとき，x，y の値を求めなさい。

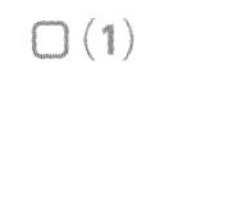

□(1)

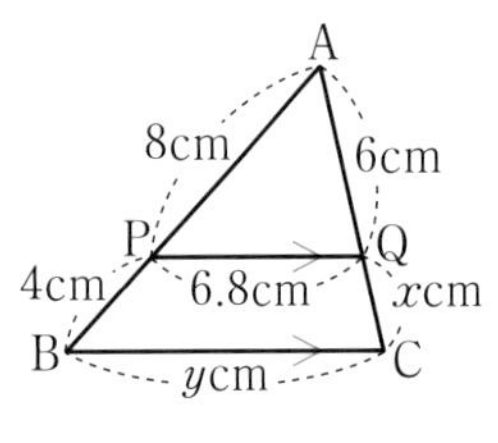

$x=$（　　），$y=$（　　）

□(2)

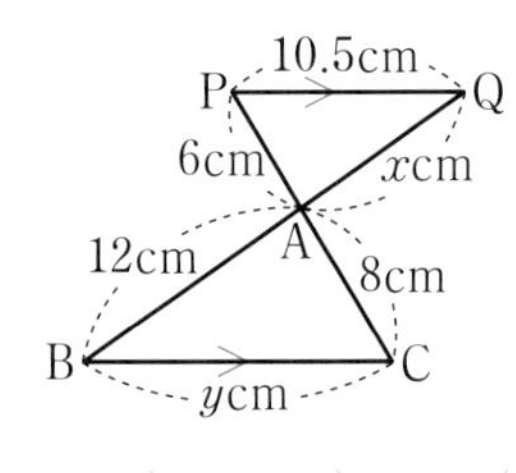

$x=$（　　），$y=$（　　）

2
平行線と線分の比の定理を使って求めます。

ミスに注意
対応する辺をとりちがえないように注意しましょう。

【平行線と線分の比③(平行線にはさまれた線分の比)】

よく出る

3 次の図で，ℓ∥m∥n のとき，x の値を求めなさい。

□(1)

（　　）

□(2)

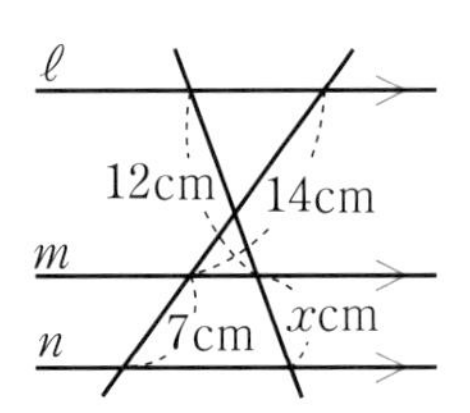

（　　）

3
平行線にはさまれた線分の比の定理を使います。

ミスに注意
2直線が交わっていても，同じように考えることができます。

[解答▶p.20-21]

【平行線と線分の比④(三角形の角の二等分線と線分の比)】

4 次の図で，印をつけた角の大きさが等しいとき，x の値を求めなさい。

□(1)

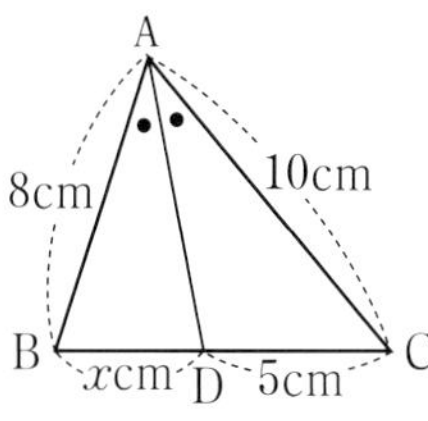

(　　　　)

□(2)

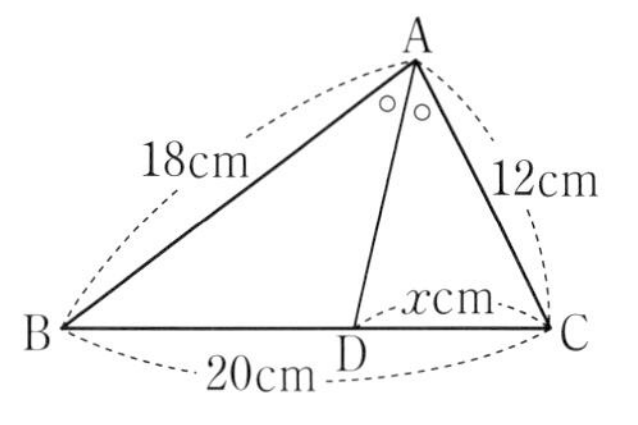

(　　　　)

【平行線と線分の比⑤】

5 次の図で，平行な線の組をかきなさい。

□(1)

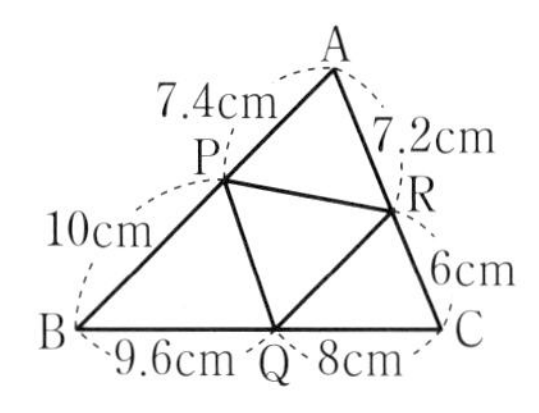

(　　　　)

□(2)

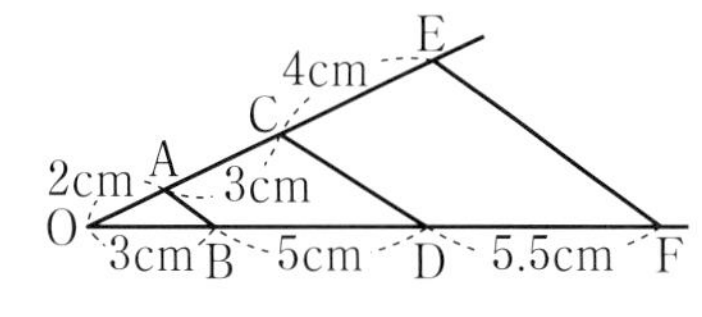

(　　　　)

【平行線と線分の比⑥】

6 右の図で，点Oを中心にして，△ABCの2倍の拡大図△A′B′C′をかきなさい。
□

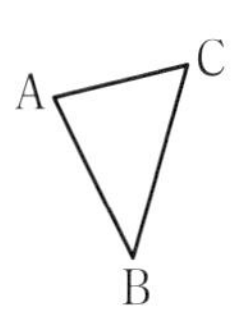

【中点連結定理①】

7 右の図の台形ABCDで，辺ABの中点Mから辺BCに平行な直線をひき，辺DCとの交点をNとするとき，線分MNの長さを求めなさい。
□

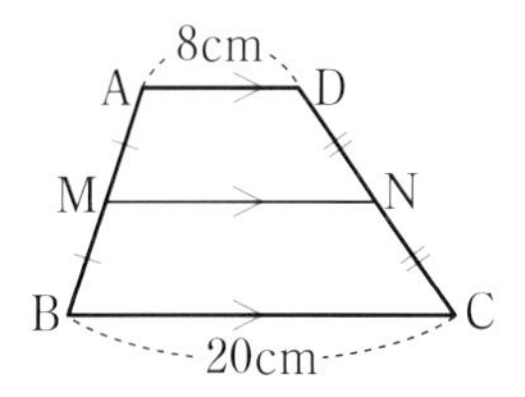

(　　　　)

【中点連結定理②】

8 四角形ABCDの辺AB，CDの中点を，それぞれ，P，Qとし，対角線BD，ACの中点を，それぞれ，R，Sとするとき，四角形PRQSは，どんな四角形になりますか。
□

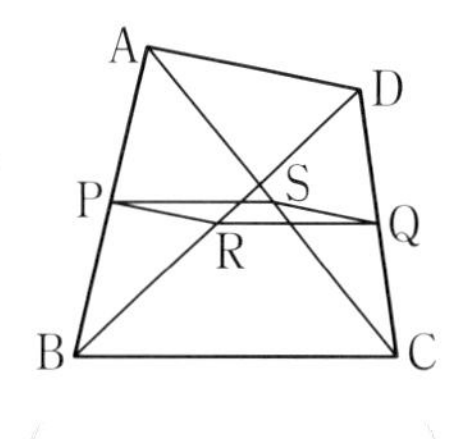

(　　　　)

ヒント

4
△ABCで，∠Aの二等分線と辺BCとの交点をDとするとき，
AB：AC＝BD：DC
が成り立ちます。

5
(1) AP：PB＝AR：RC，
BP：PA＝BQ：QC，
CR：RA＝CQ：QB
のそれぞれが成り立つかを調べます。
(2) OA：ACとOB：BD，
OA：AEとOB：BF，
OC：CEとOD：DF
を調べます。

6
OA′＝2OA，
OB′＝2OB，
OC′＝2OC
となるように3点A′，B′，C′をとって，△A′B′C′をかきます。

7
AとCを結び，MNとの交点をPとして，MP，PNの長さを求めます。

8
どんな四角形になりそうか予想しましょう。

テスト得ダネ
答えは平行四辺形かひし形が多いです。

5章

Step 1 基本チェック　3節 相似な図形の計量　4節 相似の利用

15分

教科書のたしかめ　[　]に入るものを答えよう！

3節 1 相似な図形の面積

▶ 教 p.146-148　Step 2 1

解答欄

□(1) 右の図で，△ABC∽△DEF のとき，
相似比は，6：8＝3：[4]
面積の比は，3^2：[4^2]＝9：[16]

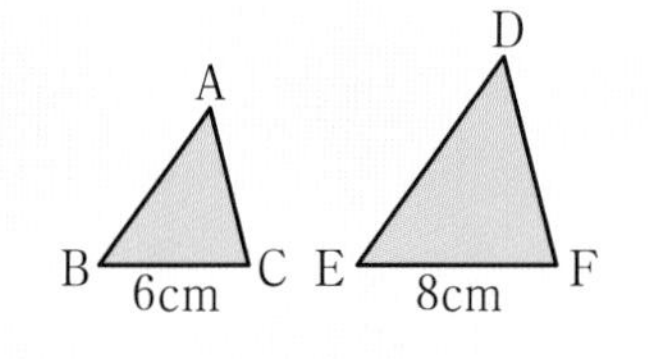

□(2) 2つの相似な四角形で，相似比が 2：5 のとき，面積の比は，2^2：[5^2]，すなわち[4：25]

□(3) 相似比が 2：3 の △ABC と △DEF で，△ABC の面積が 8cm^2 のとき，△DEF の面積 $x\text{cm}^2$ を求めると，
$8：x$＝[2^2]：3^2＝[4：9]，x＝[18](cm^2)

(1)
(2)
(3)

3節 2 相似な立体の表面積・体積

▶ 教 p.149-152　Step 2 2 3

□(4) 2つの相似な立体で，相似比が 2：5 のとき，
表面積の比は[4：25]，体積の比は[8：125]である。

□(5) 右の図の2つの円錐(えんすい)で，
相似比は，6：[12]＝1：[2]
表面積の比は，1^2：[2^2]＝[1：4]
体積の比は，1^3：[2^3]＝[1：8]

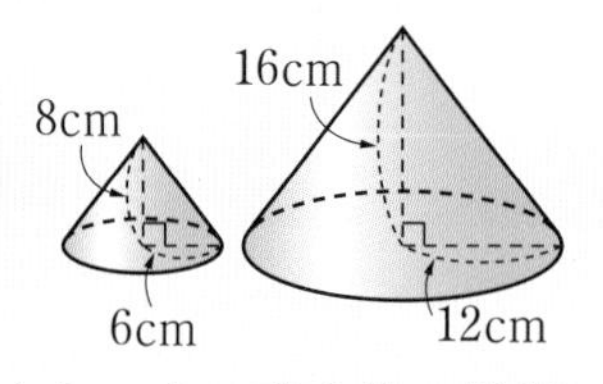

□(6) 相似比が 2：3 である2つの直方体で，小さい方の直方体の体積が 160cm^3 のとき，大きい方の直方体の体積 $x\text{cm}^3$ を求めると，
$160：x=2^3$：[3^3]＝[8：27]，x＝[540](cm^3)

(4)
(5)
(6)

4節 1 相似の利用

▶ 教 p.154-155　Step 2 4

□(7) 長さ 2m の棒を地面に垂直に立てたときの影(かげ)の長さが 2.4m のとき，木の影の長さは 18m であった。木の高さを xm とすると，
x：[2]＝18：[2.4]が成り立つ。

(7)

教科書のまとめ　＿＿に入るものを答えよう！

□相似な多角形では，対応する部分の長さが k 倍になると，面積は k^2 倍になる。

□相似な2つの図形では，面積の比は相似比の 2乗 に等しい。
すなわち，相似比が $m：n$ ならば，面積の比は m^2 ： n^2 である。

□相似な2つの立体では，表面積の比は相似比の 2乗 に等しい。
また，体積の比は相似比の 3乗 に等しい。
すなわち，相似比が $m：n$ ならば，表面積の比は m^2 ： n^2，体積の比は m^3 ： n^3 である。

Step 2 予想問題　3節 相似な図形の計量　4節 相似の利用

1ページ 30分

よく出る

ヒント

【相似な図形の面積】

1 右の図で，△ABC∽△DEF です。次の問いに答えなさい。

□(1) 相似比を求めなさい。（　　　）

□(2) 面積の比を求めなさい。また，△ABC の面積が $80\,\text{cm}^2$ のとき，△DEF の面積を求めなさい。

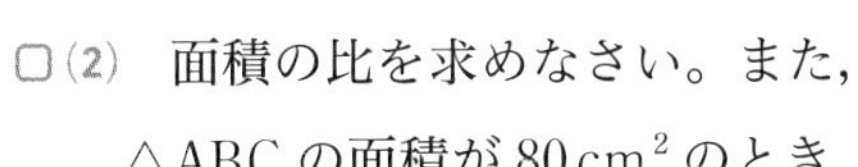

面積の比（　　　），△DEF（　　　）

1
(1)対応する辺の比を求めます。
(2)面積の比は相似比の2乗に等しいです。

【相似な立体の表面積・体積①】

点UP

2 相似な直方体㋐，㋑があり，その表面積の比は 16：25 です。次の問いに答えなさい。

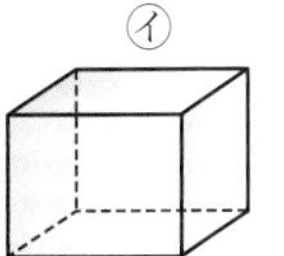

□(1) 相似比を求めなさい。（　　　）

□(2) 直方体㋑の体積が $500\,\text{cm}^3$ のとき，直方体㋐の体積を求めなさい。

（　　　）

2
(1)相似比が $m:n$ のとき，表面積の比は $m^2:n^2$ で，この逆が成り立ちます。つまり，表面積の比が $a:b$ のとき，相似比は $\sqrt{a}:\sqrt{b}$ です。

【相似な立体の表面積・体積②】

3 右の図のように，高さ 24cm の円錐を，底面からの高さが 16cm の，底面に平行な平面 P で㋐と㋑の 2 つの部分に切り分けました。次の比を求めなさい。

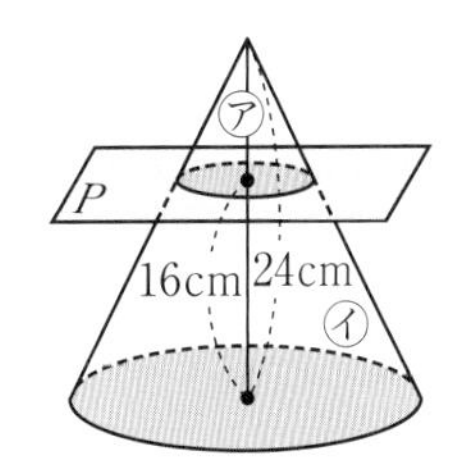

□(1) ㋐と，もとの円錐の表面積の比

（　　　）

□(2) ㋐と㋑の体積の比（　　　）

3
(1)表面積の比は相似比の 2 乗に等しいです。
(2)最初に，㋐と，もとの円錐の体積の比を求めます。

【相似の利用（縮図の利用）】

4 木から 8m 離(はな)れたところから，木のてっぺんを見上げたところ，その角度は 55°でした。目の高さを 1.5m とし，右の縮図を利用して，木の高さを，小数第 2 位を四捨五入して，小数第 1 位まで求めなさい。

□

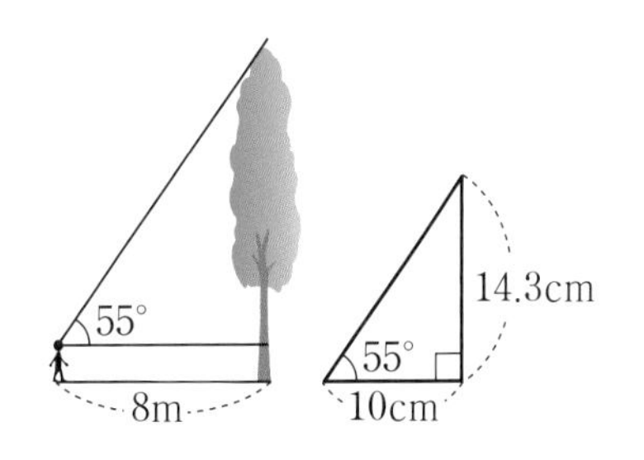

（　　　）

4
三角形の相似比を利用します。木の高さを x m とおいて，比例式をつくります。

5章

Step 3 予想テスト　5章 図形と相似

30分　／100点　目標 80点

1 次の問いに答えなさい。知 考　10点(各完答，各5点)

□(1) △ABC と相似な三角形をすべてかきなさい。

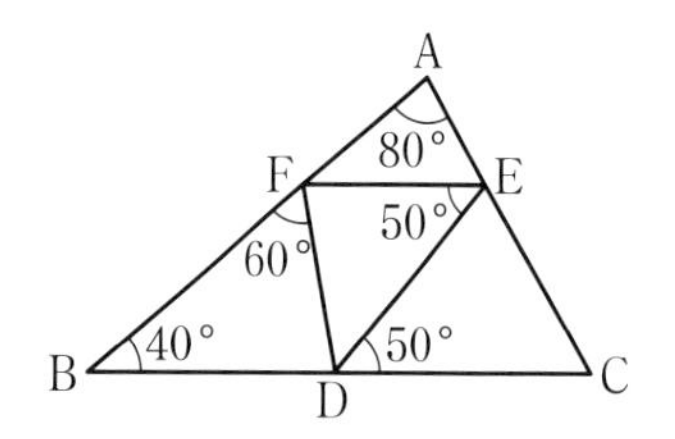

□(2) 相似な三角形を記号 ∽ を使って表し，そのときの相似条件もかきなさい。

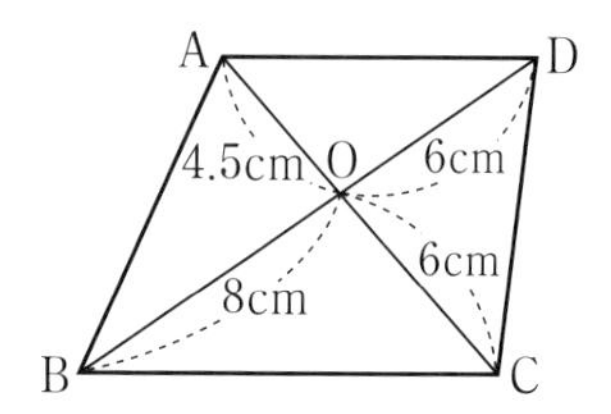

2 ∠A＝90°である直角三角形 ABC で，頂点 A から辺 BC に垂線 AD をひいたところ，AD＝12cm，CD＝9cm になりました。次の問いに答えなさい。知 考　20点(各5点)

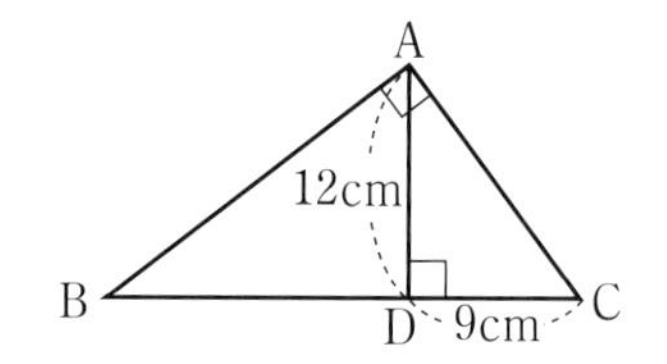

□(1) △ABD∽△CAD であることを証明しなさい。

□(2) BD の長さを求めなさい。

□(3) AC＝$3x$ cm とするとき，AB の長さを x を使って表しなさい。

□(4) △ABC の面積から x を求めることにより，AC の長さを求めなさい。

3 次の図で，x の値を求めなさい。知 考　12点(各4点)

□(1) PQ∥BC

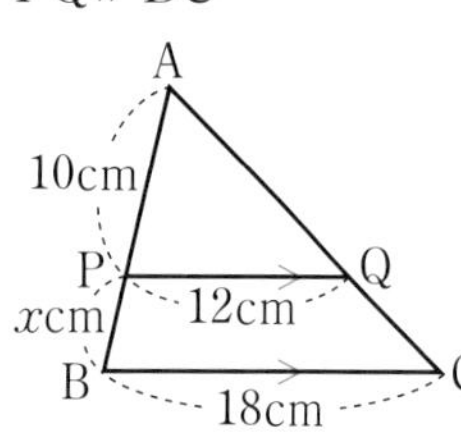

□(2) ℓ∥m∥n

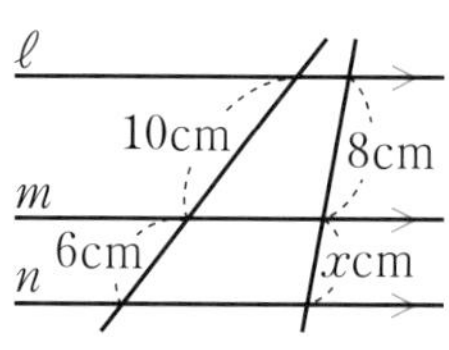

□(3) ∠ADE＝∠ACB

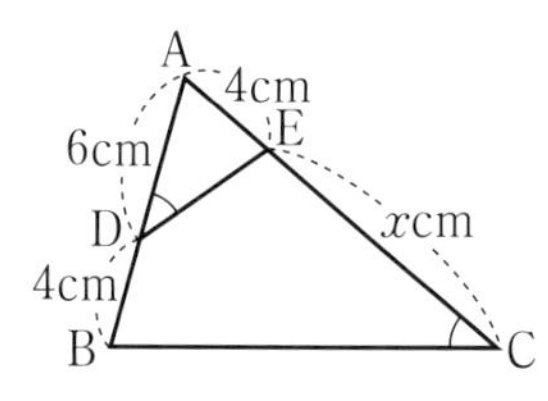

4 ある時刻に木の影(かげ)の長さを測ったところ，14.4m ありました。このとき，地面に垂直に立てた長さ 1.5m の棒の影の長さは 1.8m でした。次の問いに答えなさい。知 考　12点(各6点)

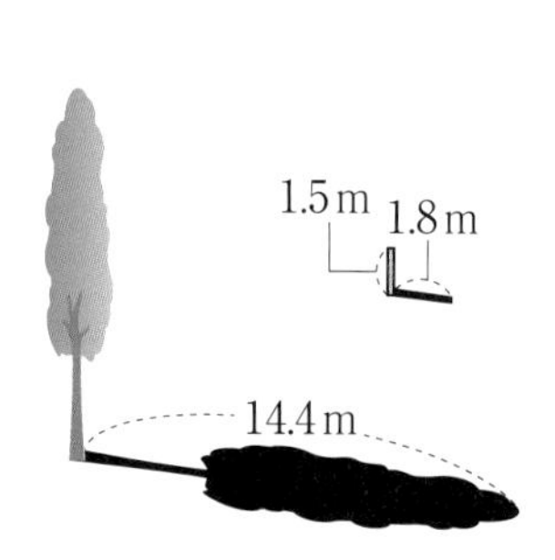

□(1) 木の高さを求めなさい。

□(2) しばらくたってから，棒の影の長さを測ったところ 2m になっていました。このときの木の影の長さを求めなさい。

❺ 右の図の平行四辺形 ABCD で，辺 AB，CD の中点をそれぞれ M，N とし，対角線 AC と MD，BN との交点をそれぞれ P，Q とします。次の問いに答えなさい。考　10点(各5点)

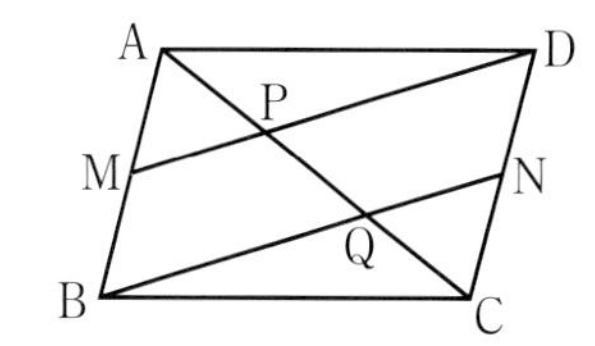

□(1) AP：PQ を求めなさい。

□(2) AC＝18 cm のとき，CQ の長さを求めなさい。

❻ 右の図で，AB∥PQ∥DC です。次の問いに答えなさい。

知 考　18点(各6点)

□(1) AC：PC を求めなさい。

□(2) QC の長さを求めなさい。

□(3) PQ の長さを求めなさい。

点UP

❼ 右の図の三角錐(さんかくすい) OABC で，辺 OA，OB，OC をそれぞれ 3：2 に分ける点を P，Q，R とします。P，Q，R を通る平面で三角錐 OABC を，㋐と㋑の 2 つの部分に切り分けます。次の問いに答えなさい。知 考

18点(各6点)

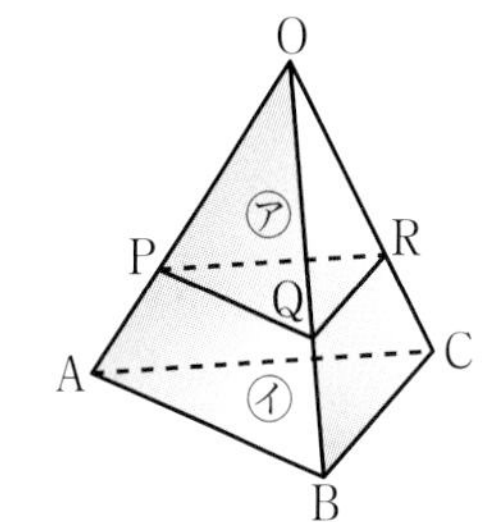

□(1) 三角錐 OPQR と三角錐 OABC の相似比を求めなさい。

□(2) △ABC＝200 cm² のとき，△PQR の面積を求めなさい。

□(3) 立体㋐と㋑の体積の比を求めなさい。

❶	(1)		
	(2)相似な三角形	相似条件	
❷	(1)		(2)
			(3)
			(4)
❸	(1)	(2)	(3)
❹	(1)	(2)	
❺	(1)	(2)	
❻	(1)	(2)	(3)
❼	(1)	(2)	(3)

❶ ／10点　❷ ／20点　❸ ／12点　❹ ／12点　❺ ／10点　❻ ／18点　❼ ／18点

[解答▶p.22-23]

Step 1 基本チェック　1節 円周角と中心角　2節 円の性質の利用

15分

教科書のたしかめ　[　]に入るものを答えよう！

1節 ❶ 円周角と中心角

▶ 教 p.162-166　Step 2 ❶-❹

解答欄

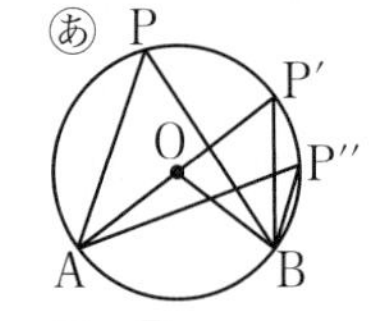

□(1) 右の図あで，$\angle AOB=106^\circ$のとき，
$\angle APB=\angle AP'B=\angle$[$AP''B$]=[53]°

(1)

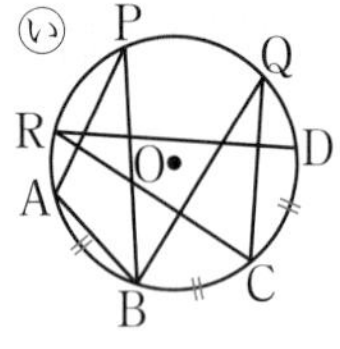

右の図いで，$\overset{\frown}{AB}=\overset{\frown}{BC}=\overset{\frown}{CD}$であるとき，

□(2) $\angle APB=\angle$[BQC]$=\angle$[CRD]

(2)

□(3) $\angle APB=\angle a$のとき，$\angle AOB=$[$2\angle a$]

(3)

□(4) $\angle PBQ=\angle ABP$のとき，$\overset{\frown}{PQ}=$[$\overset{\frown}{AP}$]

(4)

□(5) 右の図うで，線分 AB を直径とする円の周上に点 P をとるとき，$\angle APB=$[90]°である。

(5)

1節 ❷ 円周角の定理の逆

▶ 教 p.167-169　Step 2 ❺❻

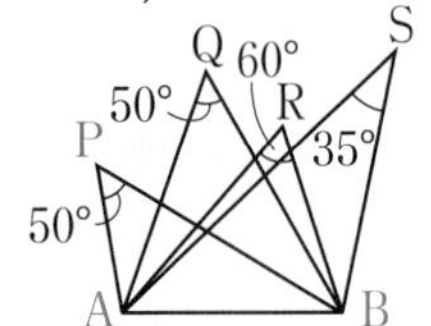

□(6) 右の図で，3点 P，A，B を通る円を円 O とするとき，
点 Q は円 O の[円周上]にある。
点 R は円 O の[内部]にある。
点 S は円 O の[外部]にある。

(6)

2節 ❶ 円の性質の利用

▶ 教 p.171-174　Step 2 ❼-❿

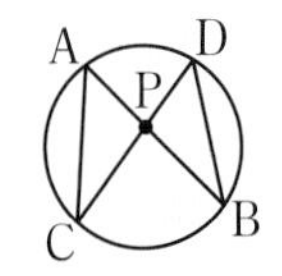

□(7) 右の図の △ACP と △DBP で，
$\angle CAP=$[$\angle BDP$]，[$\angle APC$]$=\angle DPB$
より，[2組の角]が，それぞれ等しいから，
△ACP[∽]△DBP

(7)

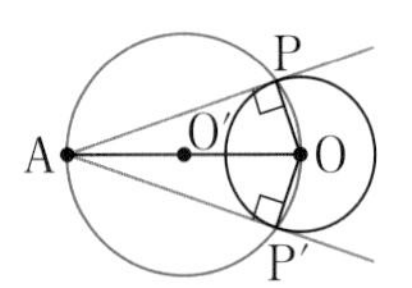

□(8) 右の図で，円 O の外部の点 A から円 O に接線をひくには，
① 線分 AO を[直径]とする円 O′ をかき，
円 O との交点を P，P′ とする。
② 直線 AP，AP′ をひく。

(8)

教科書のまとめ　＿＿に入るものを答えよう！

□ 1つの円で，等しい弧（こ）に対する 円周角（中心角）の大きさ は等しい。

□ 1つの円で，等しい円周角（中心角）に対する 弧の長さ は等しい。

□ **円周角の定理の逆**　円周上に3点 A，B，C があって，点 P が，直線 AB について点 C と同じ側にあるとき，$\angle APB=\angle$ ACB ならば，点 P はこの円の $\overset{\frown}{ACB}$ 上にある。

Step 2 予想問題

1節 円周角と中心角
2節 円の性質の利用

1ページ 30分

【円周角と中心角①(円周角の定理①)】

❶ 右の図で，$\angle APB = \dfrac{1}{2}\angle AOB$ であることを，次のように証明しました。(　　)をうめて，証明を完成させなさい。

証明 点 P を通る直径 PQ をひき，$\angle APB = \angle a$，$\angle BPQ = \angle b$ とおく。△OPA は二等辺三角形より，

$\angle OPA =$ (□(1)　　　　) $= \angle a + \angle b$

∠AOQ は △OPA の外角であるから，

$\angle AOQ =$ (□(2)　　　　) $+$ (□(3)　　　　)

$= 2($□(4)　　　　$)$ ……①

△OPB も二等辺三角形だから，$\angle BOQ = 2$(□(5)　　　　) ……②

①，② から，$\angle AOB = \angle AOQ - \angle BOQ$

$= 2($□(4)　　　　$) - 2$(□(5)　　　　)

$= 2$(□(6)　　　　)

したがって，$\angle APB = \dfrac{1}{2}\angle AOB$

【円周角と中心角②(円周角の定理②)】

よく出る

❷ 次の図で，$\angle x$，$\angle y$ の大きさを求めなさい。

□(1)

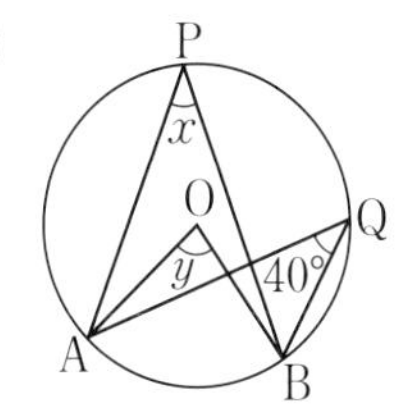

□(2)

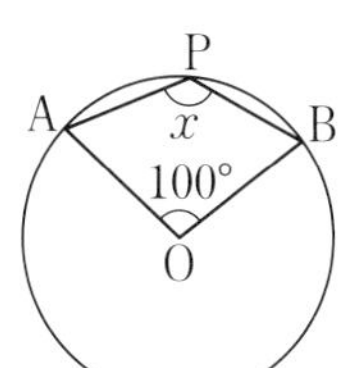

□(3)

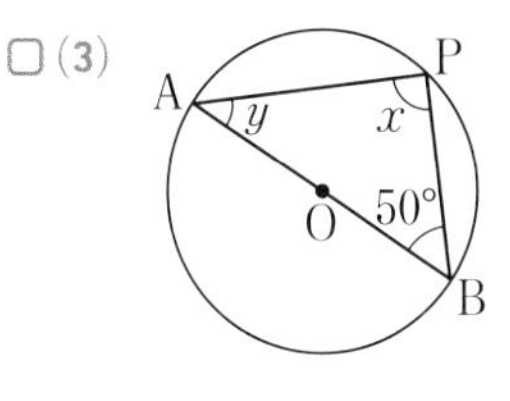

(1) $\angle x =$ (　　　)　$\angle y =$ (　　　)

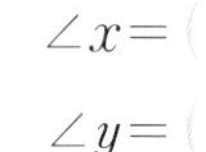

(2) $\angle x =$ (　　　)

(3) $\angle x =$ (　　　)　$\angle y =$ (　　　)

【円周角と中心角③(弧と円周角①)】

❸ 次の図で，$\angle x$ の大きさを求めなさい。

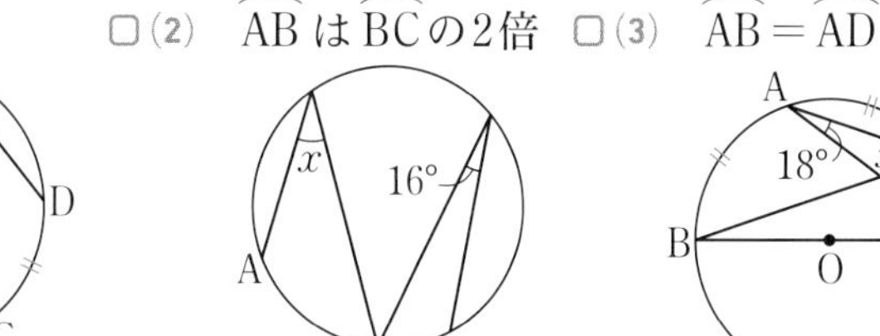

□(1) $\overset{\frown}{AB} = \overset{\frown}{CD}$

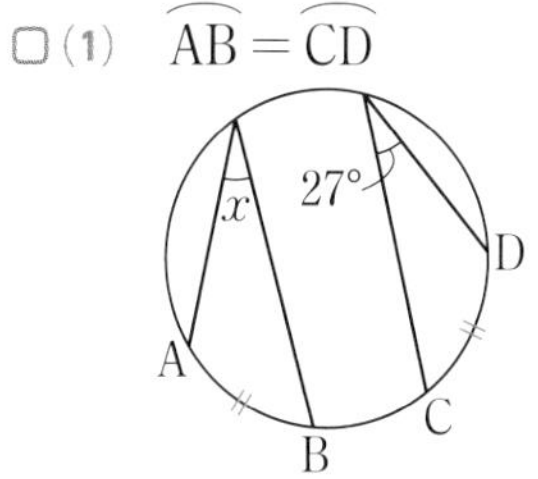

□(2) $\overset{\frown}{AB}$ は $\overset{\frown}{BC}$ の2倍

□(3) $\overset{\frown}{AB} = \overset{\frown}{AD}$

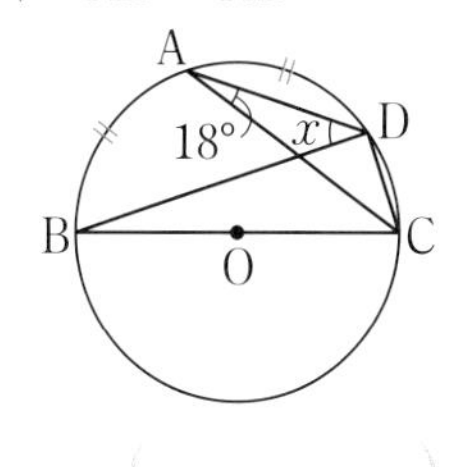

(　　　)　(　　　)　(　　　)

ヒント

❶

(1)二等辺三角形の底角の性質です。

(2)(3)三角形の 1 つの外角は，そのとなりにない 2 つの内角の和に等しくなります。下の図で，

$\angle c = \angle a + \angle b$

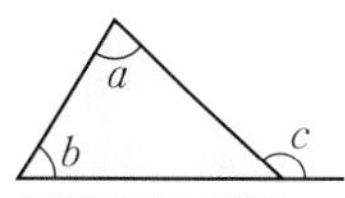

テスト得ダネ

円周角の定理の証明問題が出されることもあります。下の図が基本なので，十分に確認しておきましょう。

❷

(1)同じ弧に対する円周角の大きさはすべて等しいです。

(2)点 P をふくまない方の $\overset{\frown}{AB}$ に対する中心角を考えます。

(3)点 P をふくまない方の $\overset{\frown}{AB}$ は半円の弧です。

「1つの円で，等しい弧に対する円周角の大きさは等しい」を使います。

6章

【円周角と中心角④(弧と円周角②)】

4 右の図のように，1つの円で，弦(げん)AC，BDにはさまれた$\overset{\frown}{AB}$と$\overset{\frown}{CD}$の長さが等しくなるように4点A，B，C，Dを円周上にとり，点BとC，点AとDをそれぞれ結びます。

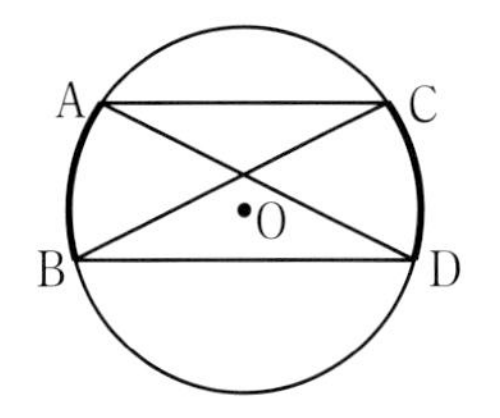

□(1) ∠ACBと等しい角をすべて答えなさい。

(　　　　　)

□(2) AC//BDであることを証明しなさい。

ヒント

4

(1)「1つの円で，等しい弧に対する円周角の大きさは等しい」を使います。

(2)

ミスに注意

平行線になるための条件をミスしないように利用しましょう。

【円周角の定理の逆①】

5 次の図の㋐～㋒のうち，4点A，B，C，Dが1つの円周上にあるものはどれですか。
□

㋐
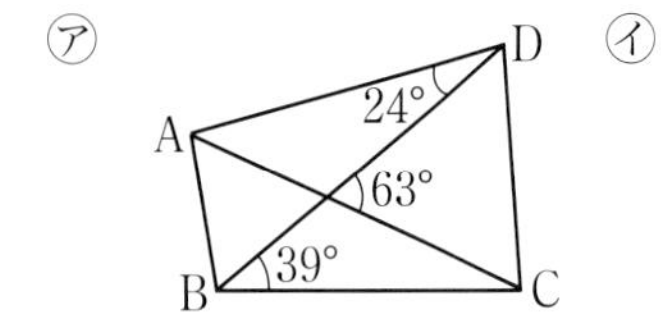

㋑
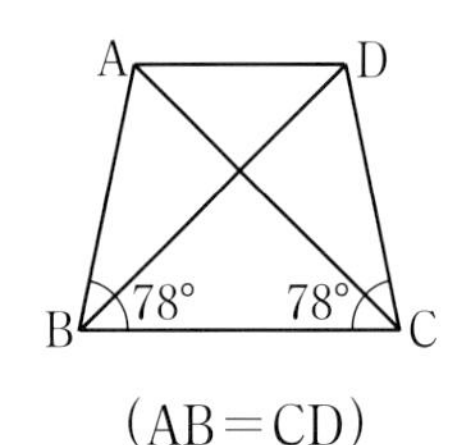

(AB＝CD)

㋒
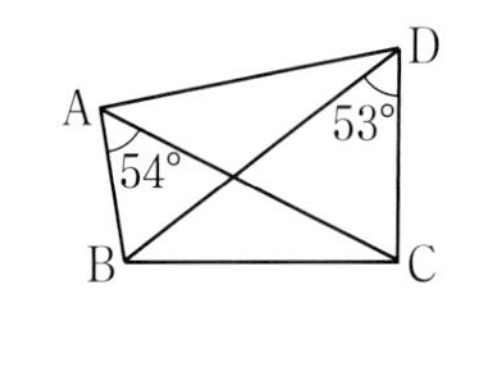

(　　　　　)

5

等しい角を見つけ，円周角の定理の逆を使います。

㋒∠BACと∠BDCが等しくないことに着目します。

【円周角の定理の逆②】

6 四角形ABCDで，∠ACB＝∠ADBならば，
□ ∠BAC＝∠BDC，∠ABD＝∠ACDであることを証明しなさい。

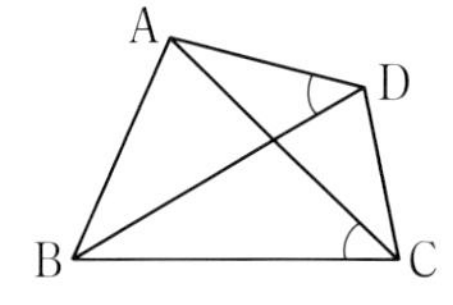

6

まず，4点A，B，C，Dが1つの円周上にあることを証明しておきます。

[解答▶p.24-25]

【円の性質の利用①】

7 □ 右の図のように，円 O に内接する四角形 ABCD で，対角線 AC，BD の交点を E とします。△EAB と相似な三角形はどれですか。

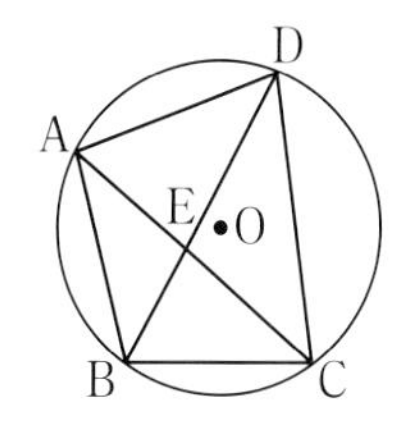

（　　　　　　）

【円の性質の利用②（円周角の定理を利用した証明）】

8 □ 右の図で，A，B，C は円の周上の点で，∠BAC の二等分線をひき，弦 BC，$\overset{\frown}{BC}$ との交点をそれぞれ D，E とするとき，△ABE∽△BDE であることを証明しなさい。

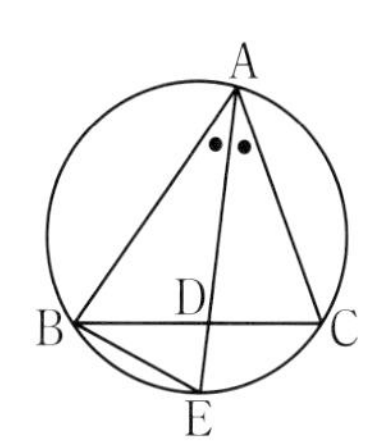

【円の性質の利用③】

9 □ 右の図の円 O において，BP の長さを求めなさい。

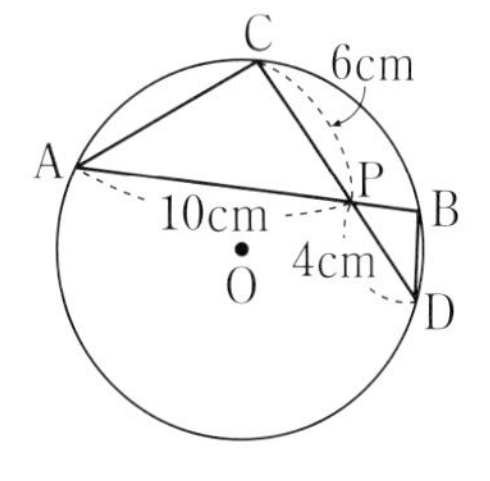

（　　　　　　）

【円の性質の利用④（円周角の定理を利用した円の接線の作図】

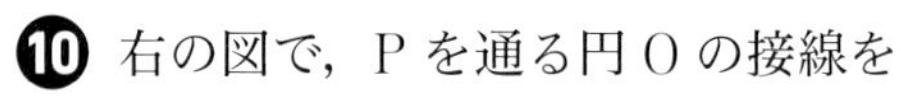

10 □ 右の図で，P を通る円 O の接線を作図しなさい。

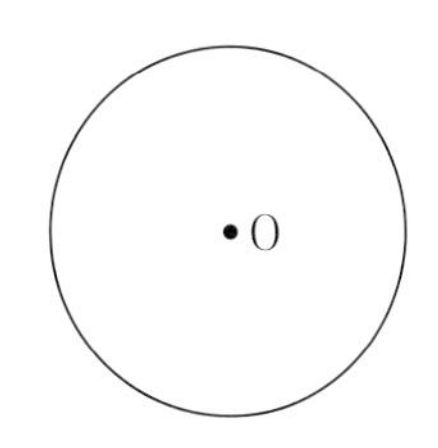

ヒント

7
∠EAB，∠EBA がそれぞれどの弧に対する円周角かを考えます。

ミスに注意
三角形の対応関係を間違(まちが)えないようにするために，図の等しい角には●や×などをかき入れて考えましょう。

8
円周角の定理より，∠CAE＝∠CBE がわかります。

9
△PAC∽△PDB より，対応する辺の比をとります。

10
まず，線分 OP の中点 M を作図します。接点を A とすると AP⊥OA となり，接線は 2 本ひけることに注意します。

6章

Step 3 予想テスト 6章 円の性質

30分 ／100点 目標 80点

1 次の図で，$\angle x$ の大きさを求めなさい。知 24点(各4点)

□(1)

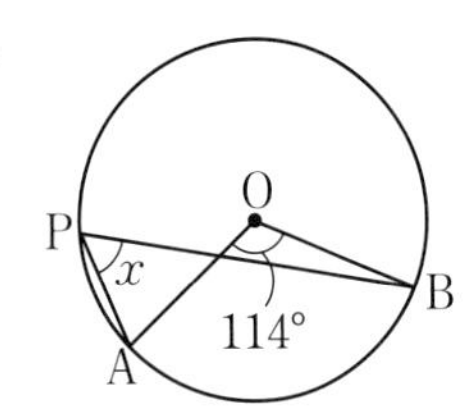

□(2)

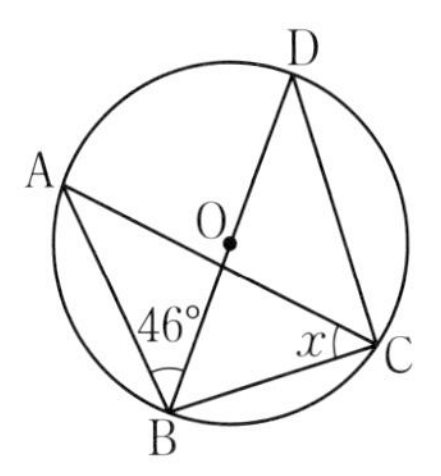

□(3)

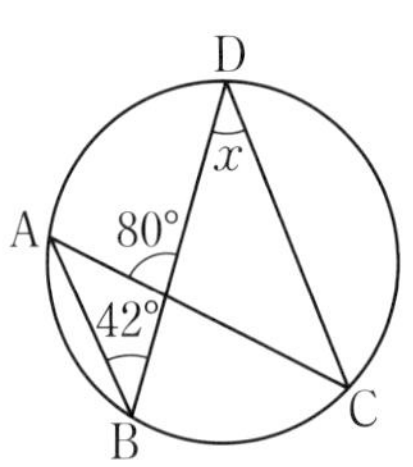

□(4)

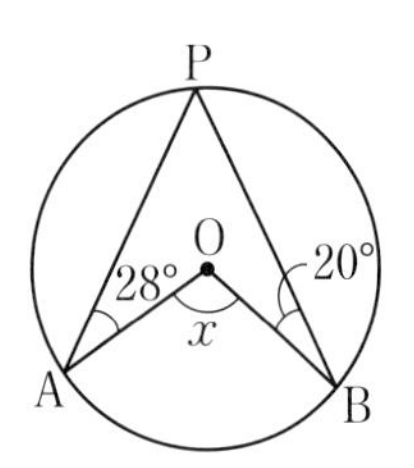

□(5)

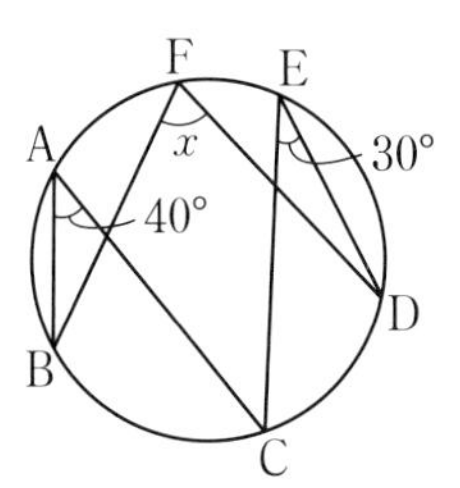

□(6)

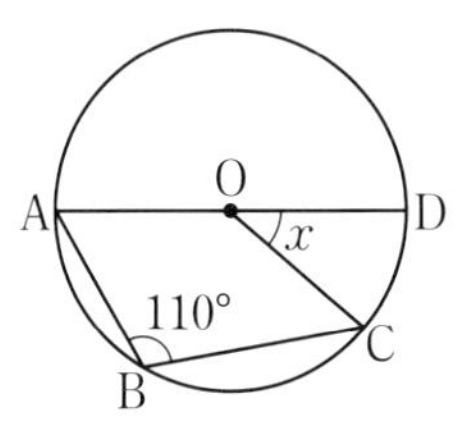

2 右の図で，A，B，C，D，E は，円周を 5 等分する点です。$\angle x$，$\angle y$，$\angle z$ の大きさを，それぞれ求めなさい。知 9点(各3点)

□

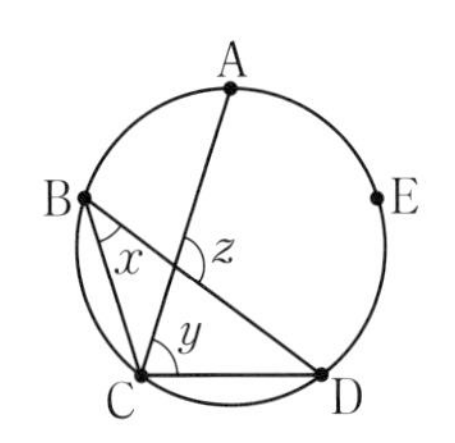

3 次の(1)～(3)で，4点 A，B，C，D が 1 つの円周上にあるものには○，そうでないものには × を書きなさい。知 15点(各5点)

□(1)

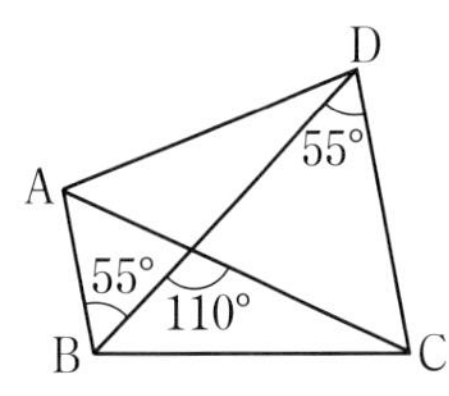

□(2)

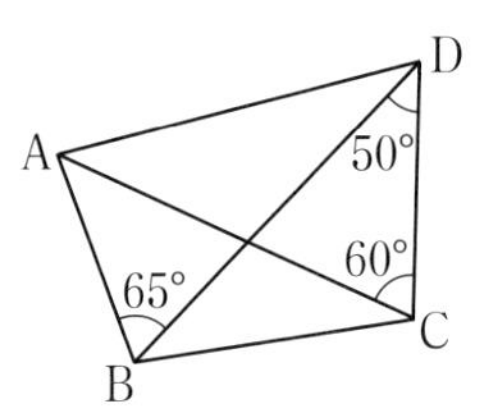

□(3)

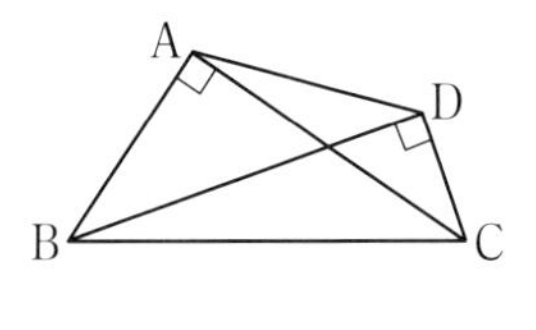

4 次の図で，それぞれ BC の長さを求めなさい。知 考 10点(各5点)

□(1)

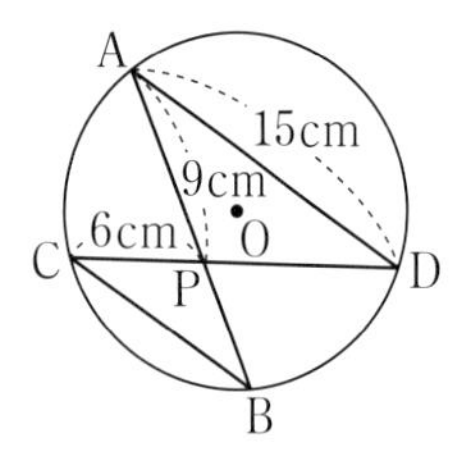

□(2)

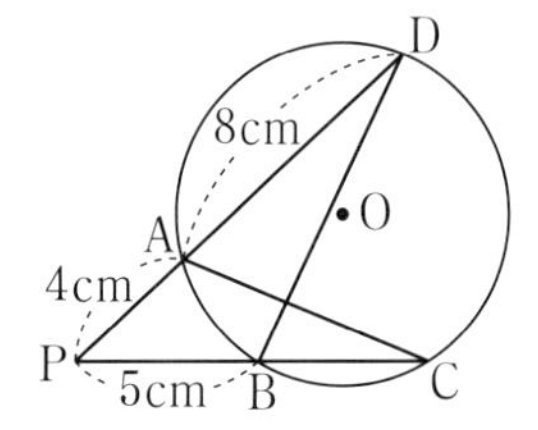

❺ 右の図のように，2つの弦（げん）AB，CDの交点をPとします。知 考　12点(各6点)

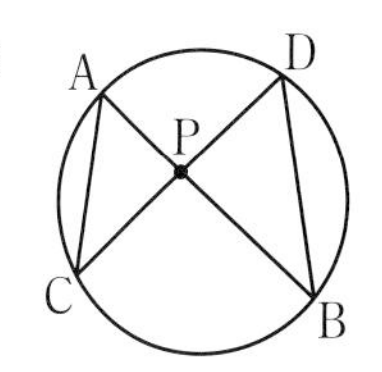

□(1)　相似な三角形を記号∽を使って表しなさい。

□(2)　AP＝5cm，PC＝6cm，PB＝8cmのとき，PDの長さを求めなさい。

❻ 右の図のように，2つの円O，O′が2点A，Bで交わり，点Bを通る2つの直線CD，EFがあります。
□　このとき，△ACD∽△AEFであることを証明しなさい。考　15点

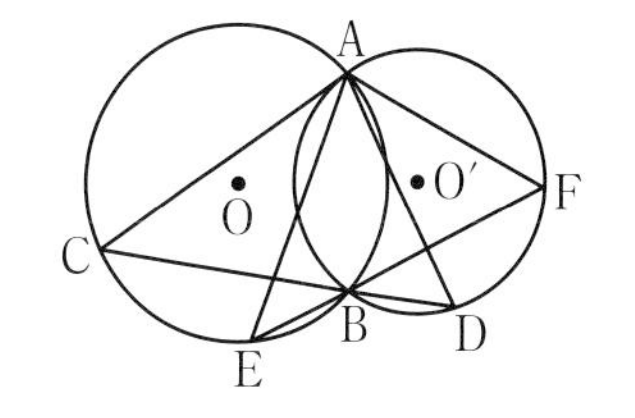

点UP **❼** 右の図のように，円周上に4点A，B，C，Dを頂点とする四角形ABCDがあり，BDは∠ABCの二等分線です。BDとACとの交点をEとするとき，△DBC∽△DCEであることを証明しなさい。考　15点
□

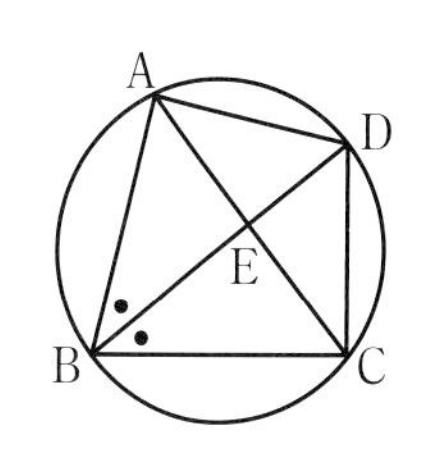

❶	(1)	(2)	(3)
	(4)	(5)	(6)
❷	∠x	∠y	∠z
❸	(1)	(2)	(3)
❹	(1)	(2)	
❺	(1)		(2)
❻			
❼			

❶ ／24点　❷ ／9点　❸ ／15点　❹ ／10点　❺ ／12点　❻ ／15点　❼ ／15点

[解答▶p.26-27]

Step 1 基本チェック　1節 直角三角形の3辺の関係

15分

教科書のたしかめ　[ ]に入るものを答えよう！

❶ 三平方の定理

▶ 教 p.182-187　Step 2 ❶-❹

解答欄

次の図の直角三角形で，x の値を求めなさい。

□(1)

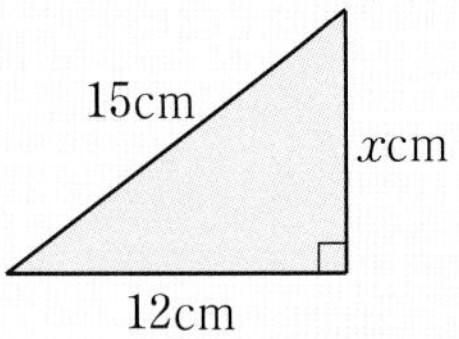

斜辺(しゃへん)が[15]cm であるから，

12^2+[x^2]$=$[15^2]

$x^2=$[81]

$x>$[0]であるから，$x=$[9]

(1)

□(2)

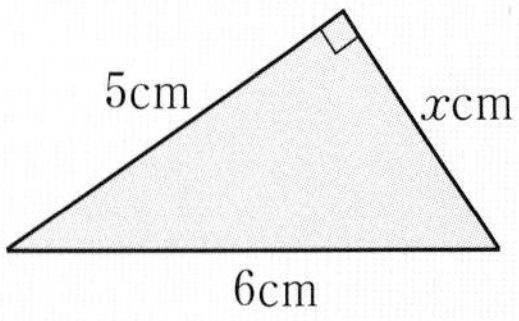

斜辺が[6]cm であるから，

5^2+[x^2]$=$[6^2]

$x^2=$[11]

$x>$[0]であるから，$x=$[$\sqrt{11}$]

(2)

□(3)

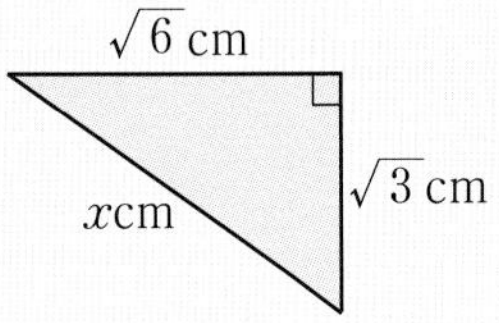

斜辺が[x]cm であるから，

$(\sqrt{6})^2+$[$(\sqrt{3})^2$]$=$[x^2]

$6+$[3]$=x^2$，$x^2=$[9]

$x>$[0]であるから，$x=$[3]

(3)

□(4)

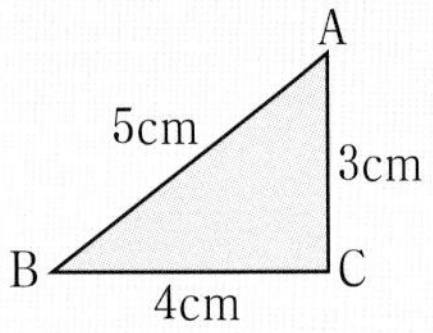

左の三角形の3辺の長さについて，

[3]$^2+4^2=25$，[5]$^2=25$

が成り立つから，

∠C の大きさは，[90]°である。

(4)

□(5) 次の㋐，㋑の三角形のうち，直角三角形はどちらか答えなさい。

㋐辺の長さが5，9，10の三角形

$a=5$，$b=9$，$c=10$ とすると，$a^2+b^2=$[5^2+9^2]$=106$，

$c^2=$[10^2]$=100$　　したがって，直角三角形[ではない]。

㋑辺の長さが2，$\sqrt{5}$，3の三角形

$a=2$，$b=\sqrt{5}$，$c=3$ とすると，$a^2+b^2=$[$2^2+(\sqrt{5})^2$]$=9$，

$c^2=$[3^2]$=9$　　したがって，直角三角形[である]。

よって，直角三角形は[㋑]である。

(5)

教科書のまとめ　____に入るものを答えよう！

□直角三角形の直角をはさむ2辺の長さを a，b，斜辺の長さを c とすると，

a^2+ <u>b^2</u> $=$ <u>c^2</u> が成り立つ。この定理を，<u>三平方の定理</u> という。

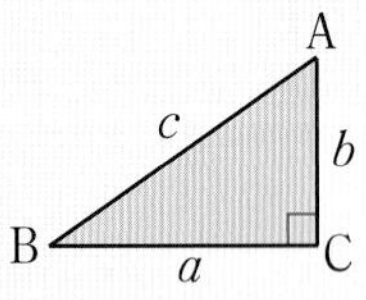

□三平方の定理の逆

△ABC の3辺の長さ a，b，c の間に，$a^2+b^2=$ <u>c^2</u> の関係が成り立てば，∠C$=$ <u>90</u>°である。

Step 2 予想問題　1節 直角三角形の3辺の関係

1ページ 30分

【三平方の定理①】

1 次の図の直角三角形で，x の値を求めなさい。

□(1)

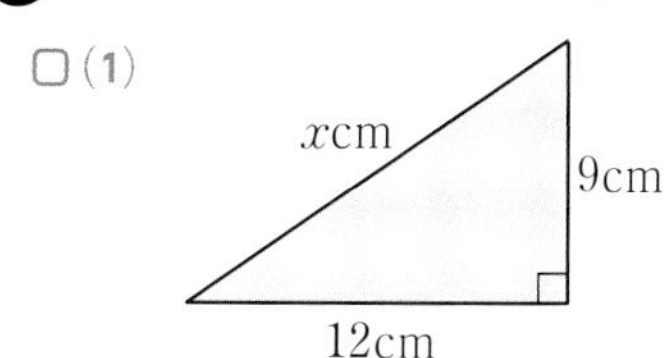

□(2)

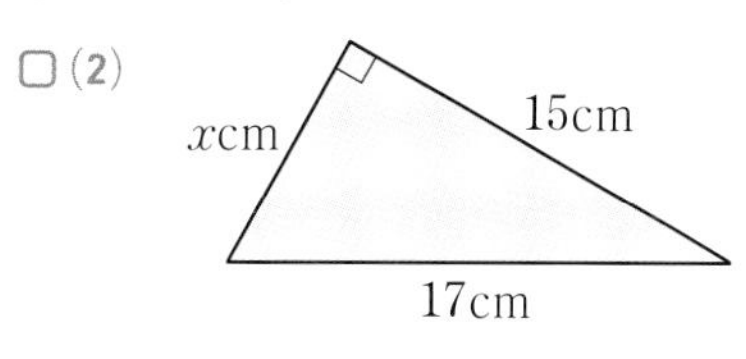

(　　　　)　(　　　　)

□(3)

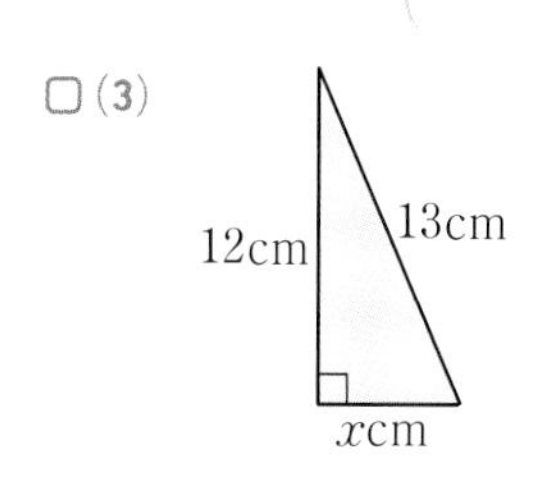

□(4)

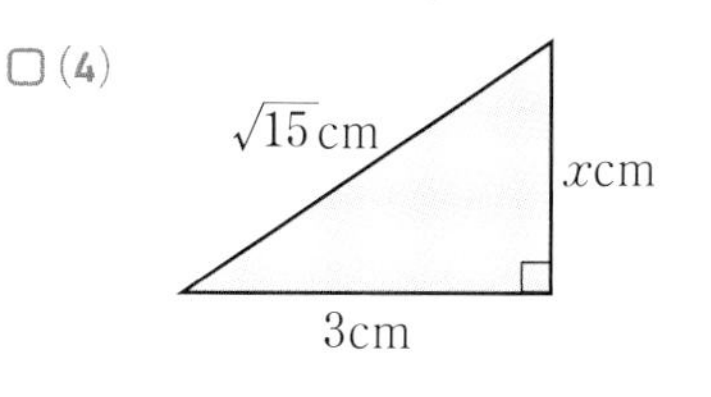

(　　　　)　(　　　　)

【三平方の定理②】

2 右の図の直角三角形 ABC で，頂点 A から辺 BC に垂線 AD をひきました。x，y の値を求めなさい。

□

$x=$(　　　　)，$y=$(　　　　)

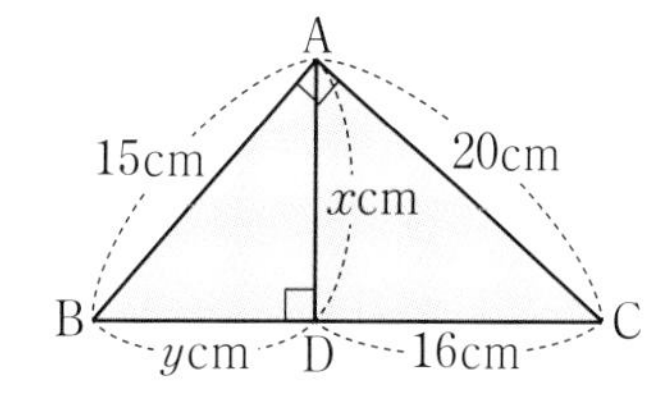

【三平方の定理③】

3 直角三角形で，直角をはさむ2辺の長さが次のような場合，斜辺の長さを求めなさい。

□(1)　7cm，6cm　　□(2)　$4\sqrt{2}$ cm，7cm

(　　　　)　(　　　　)

□(3)　$\sqrt{5}$ cm，$\sqrt{7}$ cm　　□(4)　7cm，24cm

(　　　　)　(　　　　)

【三平方の定理④(三平方の定理の逆)】

4 次の長さを3辺とする㋐～㋕の三角形のうち，直角三角形はどれですか。

□

㋐　5，6，7　　㋑　6，8，11　　㋒　$\sqrt{3}$，$\sqrt{7}$，$\sqrt{10}$

㋓　1.8，2.4，3　　㋔　11，60，61　　㋕　3，$3\sqrt{3}$，7

(　　　　)

ヒント

1
三平方の定理にあてはめます。

テスト得ダネ
$a^2+b^2=c^2$ のかわりに，
(斜辺の2乗)
＝(残りの2辺の2乗の和)
と覚えてもよいです。

2
直角三角形 ACD に三平方の定理を利用して，x の値を求めます。
y の値は，△ABD，△ABC のどちらを用いても求められます。

3
直角をはさむ2辺を a，b として，a^2+b^2 の値を求めます。これが，(斜辺)^2 の値です。

4
いちばん長い辺の2乗が残りの辺の2乗の和になるものを選びます。

7章

Step 1 基本チェック　2節 三平方の定理の利用

15分

教科書のたしかめ　[　]に入るものを答えよう！

❶ 三平方の定理の利用

▶ 教 p.189-197　Step 2 ❶-❺

解答欄

□(1) 1辺が4cmの正三角形ABCの高さを求めなさい。
頂点Aから辺BCに垂線ADをひくと，Dは[BC]の中点になる。高さADを$x$cmとすると，
$x^2+2^2=$[4^2]，$x^2=16-$[4]$=$[12]，
$x>0$だから，$x=$[$2\sqrt{3}$]

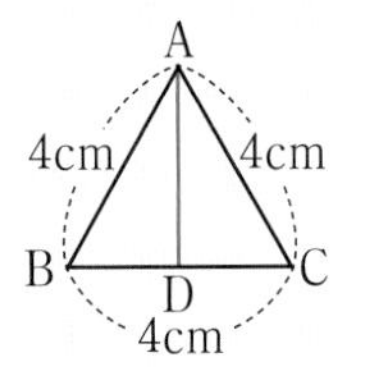

(1)

□(2) 半径が6cmの円Oで，弦(げん)ABの長さが10cmのとき，円の中心Oと弦ABとの距離(きょり)を求めなさい。
求める距離を$d$cmとすると，$(10\div2)^2+d^2=$[6^2]
$d^2=36-$[25]$=$[11]，$d>0$だから，$d=$[$\sqrt{11}$]

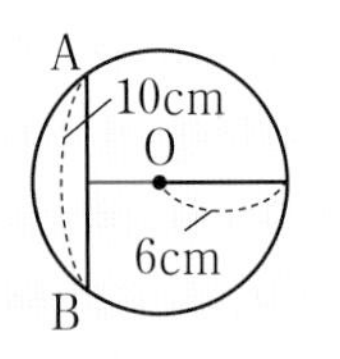

(2)

□(3) 次の座標をもつ2点間の距離を求めなさい。
A(1, −2)，B(4, 2)
Aからx軸(じく)に平行にひいた直線と，Bからy軸に平行にひいた直線との交点をHとする。
△AHBで，∠AHB＝90°，
AH＝4−1＝3，HB＝2−(−2)＝[4]
したがって，$AB^2=AH^2+HB^2=$[25]
2点間の距離ABは[5]である。

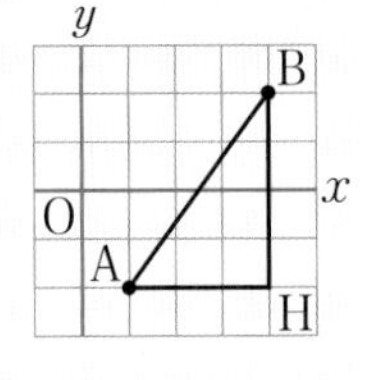

(3)

□(4) 半径5cmの円の中心Oと13cm離(はな)れた点Aから，円Oにひいた接線の長さは，13^2-[5^2]$=$[144]より，[12]cm

(4)

□(5) 母線の長さが9cm，高さが5cmの円錐(えんすい)の体積を求めなさい。
底面の半径を$r$cmとすると，r^2+[5^2]$=9^2$，$r^2=$[56]
$r>0$だから，$r=$[$2\sqrt{14}$]
体積は，$\frac{1}{3}\times\pi\times(2\sqrt{14})^2\times$[5]$=$[$\frac{280}{3}\pi$](cm^3)

(5)

教科書のまとめ　＿＿に入るものを答えよう！

三角定規の3辺の長さの割合(特別な直角三角形の3辺の比)

□ 3つの角が45°，<u>45</u>°，90°である直角三角形の3辺の長さの比…1：1：<u>$\sqrt{2}$</u>

□ 3つの角が30°，<u>60</u>°，90°である直角三角形の3辺の長さの比…1：<u>$\sqrt{3}$</u>：2

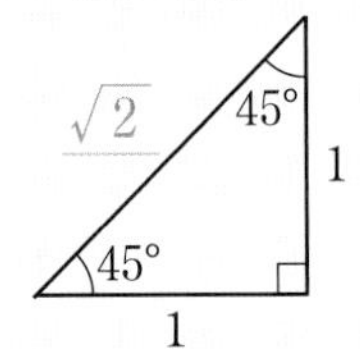

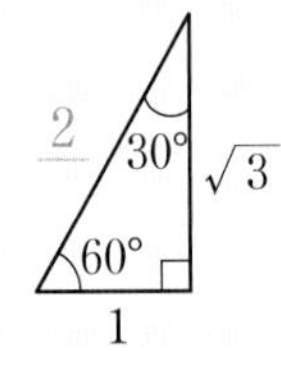

□縦，横，高さが，それぞれa，b，cの直方体の対角線の長さは，<u>$\sqrt{a^2+b^2+c^2}$</u>

Step 2 予想問題　2節 三平方の定理の利用

1ページ 30分

【三平方の定理の利用①(平面図形での利用)】

よく出る

1 次の図で，x，y の値を求めなさい。

□(1)

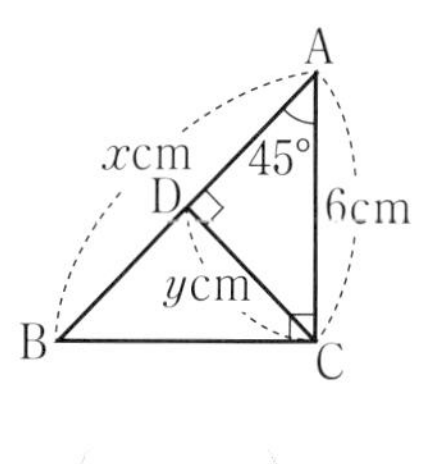

$x=$(　　　)，$y=$(　　　)

□(2)

$x=$(　　　)，$y=$(　　　)

ヒント

1

テスト得ダネ

直角二等辺三角形や60°の角をもつ直角三角形を使った問題がよく出題されます。それぞれの三角形の辺の比は，しっかり覚えておきましょう。

【三平方の定理の利用②(弦や接線の長さ)】

2 □ 右の図の円Oにおいて，OHはOから弦ABにひいた垂線，PAはAを接点とする円Oの接線です。弦ABと線分PAの長さを，それぞれ求めなさい。

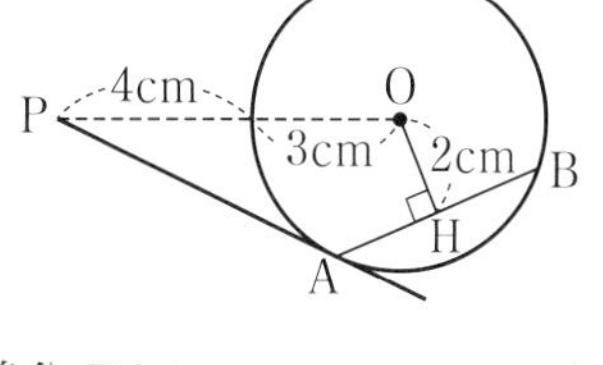

弦AB(　　　)，線分PA(　　　)

2

OとAを結ぶと，△OAH，△OPAは直角三角形になります。

【三平方の定理の利用③(2点間の距離)】

点UP

3 次の座標をもつ2点間の距離を，それぞれ求めなさい。

□(1) A(4, 3)，B(−2, 1)　(　　　)

□(2) C(3, −2)，D(−2, 2)　(　　　)

3

図で考えましょう。

(1)

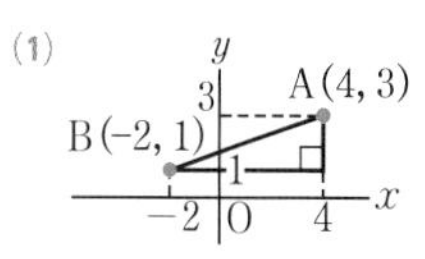

【三平方の定理の利用④(立方体の対角線)】

点UP

4 右の図のような1辺の長さが4cmの立方体があります。このとき，次の問いに答えなさい。

□(1) 線分HFの長さを求めなさい。(　　　)

□(2) 立方体の対角線の長さを求めなさい。(　　　)

4

(2)立方体の対角線の長さはすべて等しくなります。

$DF^2=DH^2+HF^2$ から，DFの長さを求めましょう。

【三平方の定理の利用⑤(円錐の体積)】

5 □ 右の図は，底面の半径が5cm，母線の長さが13cmの円錐です。この円錐の体積を求めなさい。

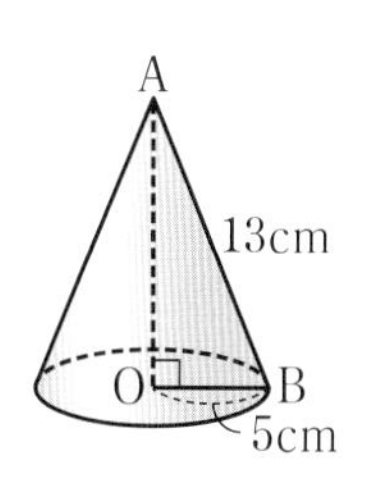

(　　　)

5

直角三角形AOBで，AOの長さを求めます。

7章

Step 3 予想テスト　7章 三平方の定理

30分　／100点　目標 80点

1 次の図で，x の値を求めなさい。知　12点(各4点)

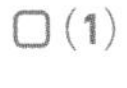

□(1)

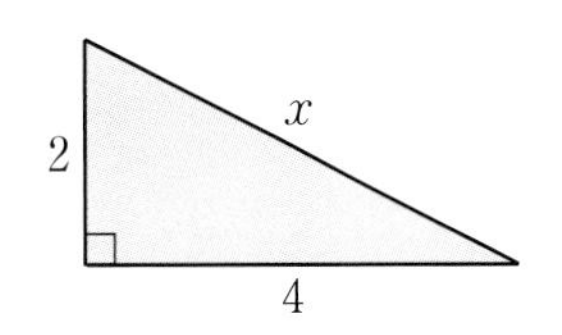

□(2)

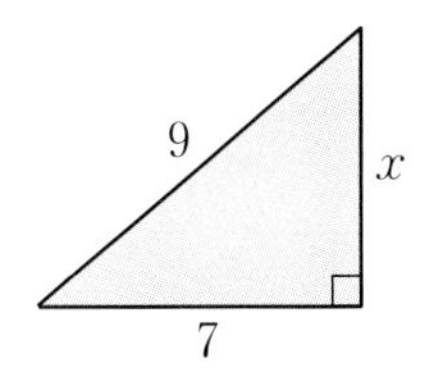

□(3)

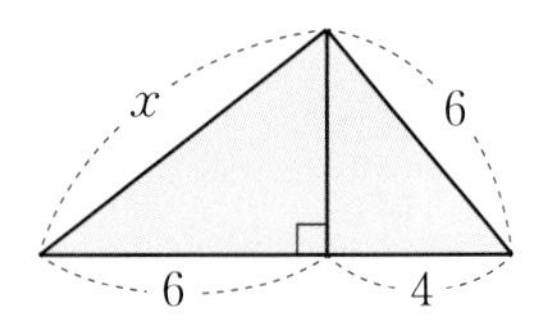

2 次の長さを3辺とする三角形のうち，直角三角形であるものには○，そうでないものには × を書きなさい。知　16点(各4点)

□(1)　4cm，5cm，7cm

□(2)　0.9cm，1.2cm，1.5cm

□(3)　2cm，$2\sqrt{3}$ cm，3cm

□(4)　$\sqrt{2}$ cm，$2\sqrt{2}$ cm，$\sqrt{6}$ cm

3 □ 1組の三角定規では，辺の長さの関係は，右の図のようになっています。AC＝12cm のとき，残りの辺 AB，BC，AD，CD の長さを求めなさい。知　16点(各4点)

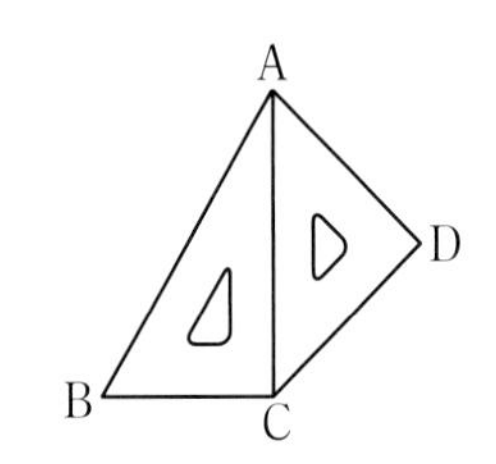

4 次の問いに答えなさい。知　10点(各5点)

□(1)　1辺が8cm の正三角形の面積を求めなさい。

□(2)　半径9cm の円Oで，中心からの距離(きょり)が3cm である弦(げん)AB の長さを求めなさい。

5 □ 半径4cm の円Oの中心から8cm の距離に点Aがあります。
点Aから円Oにひいた接線の長さを求めなさい。考　10点

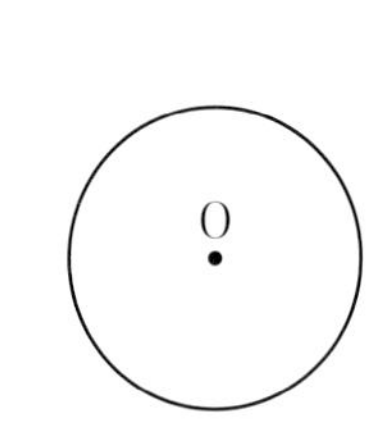

A•

❻ 次の座標をもつ2点間の距離を求めなさい。知　10点(各5点)

□(1) A(−1, −1), B(−5, −4)　□(2) C(−2, 2), D(3, −1)

❼ 右の図のような1辺の長さが10cmの立方体があります。このとき，次の問いに答えなさい。知 考　16点(各8点)

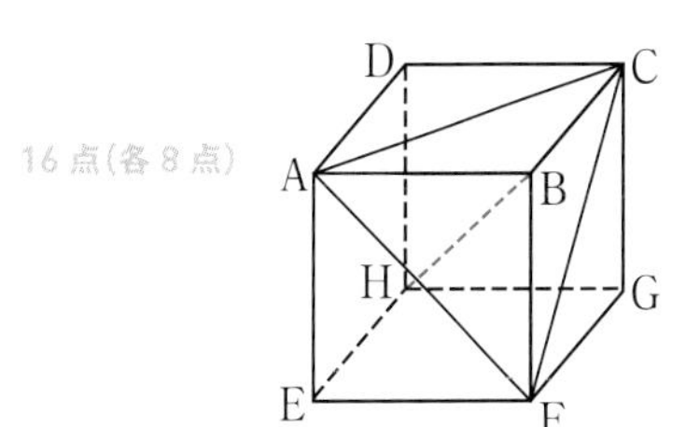

□(1) 対角線BHの長さを求めなさい。

□(2) △ACFの面積を求めなさい。

❽ 半径25cmの球Oを，中心から7cmの距離にある平面で切ったとき，切り口の円の面積を求めなさい。知 考　10点

□

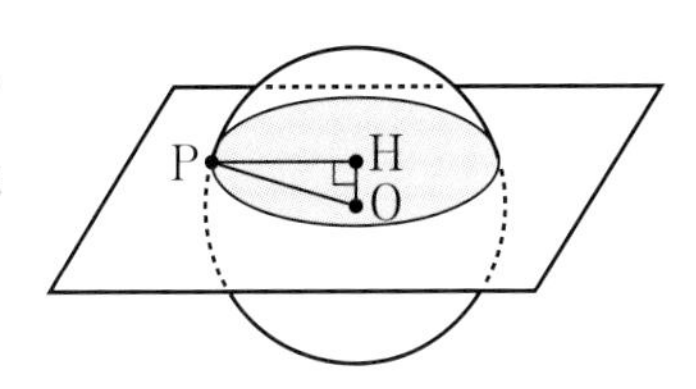

7章

❶	(1)	(2)	(3)	
❷	(1)	(2)	(3)	(4)
❸	AB	BC	AD	CD
❹	(1)	(2)		
❺				
❻	(1)	(2)		
❼	(1)	(2)		
❽				

[解答▶p.30-31]

❶ 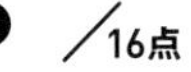／12点 ❷ ／16点 ❸ ／16点 ❹ ／10点 ❺ ／10点 ❻ ／10点 ❼ ／16点 ❽ ／10点

Step 1 基本チェック 1節 標本調査

15分

教科書のたしかめ [ ]に入るものを答えよう！

❶ 標本調査の方法

▶ 教 p.204-208 Step 2 ❶❷

解答欄

□(1) 次の㋐～㋒の調査で，全数調査が適しているのは[㋐]，標本調査が適しているのは[㋑，㋒]である。

㋐ ある中学校3年1組の男子生徒18人の平均身長

㋑ 中学3年女子の50m走のタイムの全国平均

㋒ パック詰(づ)め牛乳の品質調査

(1)

❷ 母集団と標本の関係

▶ 教 p.209-211 Step 2 ❸

□(2) ある養鶏場(ようけいじょう)で，ある日の朝にとれた卵100個に番号をつけ，乱数表を用いて10個を取り出して重さを測ったところ，次の表のようだった。標本の重さの平均値は，

❸ 61	⓫ 58	⓱ 58	㉞ 65	㊵ 71
㊾ 73	㊳ 65	㊴ 57	㊶ 52	㊷ 53 (単位：g)

(61＋58＋58＋65＋71＋73＋65＋57＋52＋53)÷[10]

＝[613]÷[10]

＝[61.3]

これから，母集団の平均値は[61.3]g と推定できる。

(2)

❸ データを活用して，問題を解決しよう

▶ 教 p.212-213 Step 2 ❹❺

□(3) ある工場で製造される品物から，100個を無作為に抽出したところ，そのうち4個が不良品であった。この結果から，この工場では，[0.04]の確率で不良品が発生したと考えられる。

(3)

□(4) 袋(ふくろ)の中に，白と黒の碁石(ごいし)が合わせて500個入っている。標本調査を行って，この袋の中の黒石の個数を推定する。標本の大きさが20個と50個の場合について，推定した値の信頼性の高さについて正しいのは，次の[㋑]である。

㋐ 20個の場合の方が高い。　㋑ 50個の場合の方が高い。

㋒ どちらも同じである。　㋓ どちらとも言えない。

(4)

教科書のまとめ ＿＿に入るものを答えよう！

□ 集団のすべてを対象として調査することを 全数調査 といい，集団の一部を対象として調査することを 標本調査 という。

□ 標本調査をするとき，調査の対象となるもとの集団を 母集団 ，取り出した一部の集団を 標本 という。

□ 母集団からかたよりなく標本を取り出すことを 無作為に抽出する という。

Step 2 予想問題　1節 標本調査

1ページ 30分

【標本調査の方法①】

よく出る

1 次の㋐～㋔の調査は，全数調査，標本調査のどちらですか。標本調査が適切であるものの記号を答えなさい。

㋐ 学校での学力検査　　㋑ ジュース会社の品質検査

㋒ 全国の米の収穫量の予想　　㋓ 会社での健康診断

㋔ 新しく製造した自動車1000台のブレーキの効きぐあい

（　　　　）

【標本調査の方法②】

2 ある中学校では，全校生徒720人の中から100人を選んで，通学時間の調査を行いました。この調査の母集団，標本はそれぞれ何ですか。

母集団（　　　　），標本（　　　　）

【母集団と標本の関係】

3 ある中学校では，3年生男子140人がスポーツテストでハンドボール投げを行いました。下の数値は，140人の記録の中から，10人の記録を無作為に抽出したものです。次の問いに答えなさい。

26，22，29，28，20，16，23，30，24，21　　（単位：m）

(1) 標本を無作為に抽出するには，どのような方法がありますか。1つ書きなさい。

（　　　　）

(2) 母集団の平均値を推定しなさい。

（　　　　）

【データを活用して，問題を解決しよう①】

点UP

4 白と黒の碁石があわせて400個はいっている袋から，無作為に20個を取り出して白の碁石の数を数えると6個でした。この袋の中にある白の碁石は，およそ何個と推定されますか。

（　　　　）

【データを活用して，問題を解決しよう②】

5 ある中学校3年生300人の中から，無作為に50人を抽出したら，虫歯のない生徒は24人でした。3年生全体では，虫歯のない生徒はおよそ何人と考えられますか。

（　　　　）

ヒント

1
集団の一部を調べて，集団全体の性質を推測することができるかを考えます。
㋑全数調査をすると売る品物がなくなります。

2
調査の対象となるもとの集団が母集団，母集団から取り出した一部の集団が標本です。

3
(1)かたよりのないような選び方を答えます。

テスト得ダネ
かたよりのないように選ぶには，無作為に抽出しなければなりません。この無作為とは偶然に任せるという意味です。

(2)標本の平均値を求めます。

4
白の碁石の割合は，無作為に抽出した標本と母集団では，ほぼ等しく，袋の中にある白い碁石の数をx個として，比例式をつくります。

5
標本も母集団も同じ割合で虫歯のない生徒がいると考えられます。

8章

［解答▶p.32］

Step 3 予想テスト 8章 標本調査とデータの活用

20分　　／50点　目標 40点

1 次のそれぞれの調査は，全数調査，標本調査のどちらですか。知　　12点(各3点)

□(1) ある中学校3年生の進路調査　　□(2) カップ詰(づ)めのプリンの品質検査

□(3) ある高校で行う入学試験　　□(4) ある湖にいる魚の数の調査

2 次の文章で，正しいものには○，正しくないものには × を書きなさい。知　　8点(各2点)

□(1) 標本を無作為に抽出すると，標本の傾向(けいこう)と母集団の傾向はほぼ同じになる。

□(2) 日本人のある1日のテレビの視聴(しちょう)時間を調べるために，ある中学校の生徒全員の調査をし，その結果をまとめた。

□(3) 東京都で，中学生の平均身長を調査するのに，A中学校とB中学校の2校を選んだ。

□(4) 標本調査を行うとき，母集団の一部分の取り出し方によっては，標本と母集団の性質が大きく違(ちが)ってくることがある。

3 ある養鶏場(ようけいじょう)では毎日3000個の卵がとれます。ある朝にとれた卵の中から無作為に抽出した5個の卵の重さが65g，72g，58g，60g，62gのとき，次の問いに答えなさい。考　　14点(各7点)

□(1) この5個の卵の重さの平均値を求めなさい。

□(2) (1)で求めた平均値から母集団の平均値を推定してよいですか。よくないならば，その理由を書きなさい。

点UP

4 次の問いに答えなさい。考　　16点(各8点)

□(1) あさがおの種が1000個あり，発芽率を調べるために20個を同じ場所に植えて発芽数を調べたら17個でした。1000個の種を植えると，およそ何個発芽すると考えられますか。

□(2) 袋(ふくろ)の中に同じ大きさの黒玉がたくさんはいっています。その数を数えるかわりに，同じ大きさの白玉100個を黒玉のはいっている袋の中に入れ，よくかき混ぜたあと，その中から100個取り出したところ，白玉が15個ふくまれていました。袋の中の黒玉の個数を計算し，十の位を四捨五入して答えなさい。

1	(1)	(2)	(3)	(4)
2	(1)	(2)	(3)	(4)
3	(1)	(2)		
4	(1)	(2)		

[解答▶p.32]

キリトリ線

テスト前 ✓ やることチェック表

① まずはテストの目標をたてよう。頑張ったら達成できそうなちょっと上のレベルを目指そう。
② 次にやることを書こう（「ズバリ英語〇ページ，数学〇ページ」など）。
③ やり終えたら□に✓を入れよう。
最初に完ぺきな計画をたてる必要はなく，まずは数日分の計画をつくって，
その後追加・修正していっても良いね。

目標

	日付	やること 1	やること 2
2週間前	／	□	□
	／	□	□
	／	□	□
	／	□	□
	／	□	□
	／	□	□
	／	□	□
1週間前	／	□	□
	／	□	□
	／	□	□
	／	□	□
	／	□	□
	／	□	□
	／	□	□
テスト期間	／	□	□
	／	□	□
	／	□	□
	／	□	□
	／	□	□

QRコードのページに登録すると，「ぴたリンク」からも表をダウンロードできるよ

テスト前 ☑ やることチェック表

① まずはテストの目標をたてよう。頑張ったら達成できそうなちょっと上のレベルを目指そう。
② 次にやることを書こう（「ズバリ英語○ページ，数学○ページ」など）。
③ やり終えたら□に✓を入れよう。
最初に完ぺきな計画をたてる必要はなく，まずは数日分の計画をつくって，
その後追加・修正していっても良いね。

目標

	日付	やること 1	やること 2
2週間前	／	□	□
	／	□	□
	／	□	□
	／	□	□
	／	□	□
	／	□	□
	／	□	□
1週間前	／	□	□
	／	□	□
	／	□	□
	／	□	□
	／	□	□
	／	□	□
	／	□	□
テスト期間	／	□	□
	／	□	□
	／	□	□
	／	□	□
	／	□	□

QRコードのページに登録すると，「ぴたリンク」からも表をダウンロードできるよ

啓林館版 数学3年 | 定期テスト ズバリよくでる | 解答集

1章 式の展開と因数分解

1節 式の展開と因数分解

p.3-5 **Step 2**

❶ (1) $-6x^2+10x$　(2) $-4x^2+8xy+12x$
(3) $-3x^2+4xy$　(4) $-4x+2y$
(5) $20x+8y$　(6) $-6a+3b$

解き方 分配法則を使って，かっこをはずします。
$a(b+c)=ab+ac$，$(b+c)a=ba+ca$

(1) $(-3x+5)\times 2x=-3x\times 2x+5\times 2x$
$=-6x^2+10x$

(2) $-4x(x-2y-3)$
$=-4x\times x+(-4x)\times(-2y)+(-4x)\times(-3)$
$=-4x^2+8xy+12x$

(3) $6x\left(-\dfrac{1}{2}x+\dfrac{2}{3}y\right)=6x\times\left(-\dfrac{1}{2}x\right)+6x\times\dfrac{2}{3}y$
$=-\dfrac{6x^2}{2}+\dfrac{12xy}{3}$
$=-3x^2+4xy$

(4) $(12ax-6ay)\div(-3a)$
$=(12ax-6ay)\times\left(-\dfrac{1}{3a}\right)$
$=12ax\times\left(-\dfrac{1}{3a}\right)-6ay\times\left(-\dfrac{1}{3a}\right)$
$=-\dfrac{12ax}{3a}+\dfrac{6ay}{3a}$
$=-4x+2y$

(5) $\dfrac{3}{4}x=\dfrac{3x}{4}$ であることに注意します。
$(15x^2+6xy)\div\dfrac{3}{4}x=(15x^2+6xy)\times\dfrac{4}{3x}$
$=15x^2\times\dfrac{4}{3x}+6xy\times\dfrac{4}{3x}$
$=20x+8y$

(6) $(4a^2b-2ab^2)\div\left(-\dfrac{2}{3}ab\right)$
$=(4a^2b-2ab^2)\times\left(-\dfrac{3}{2ab}\right)$
$=4a^2b\times\left(-\dfrac{3}{2ab}\right)-2ab^2\times\left(-\dfrac{3}{2ab}\right)$
$=-6a+3b$

❷ (1) $xy-5x+4y-20$　(2) $x^2+7x+12$
(3) $x^2+2x-15$　(4) $2x^2+7xy+3y^2$
(5) $x^2+xy-2y^2+3x+6y$
(6) $6x^2+xy-15y^2+2x-3y$

解き方 $(a+b)(c+d)=ac+ad+bc+bd$ を使います。

(1) $(x+4)(y-5)=xy-5x+4y-20$
（xy，$-5x$，$4y$，-20）

(2) $(x+3)(x+4)=x^2+4x+3x+12$
$=x^2+7x+12$

(5) $(x+2y)(x-y+3)=x^2-xy+3x+2xy-2y^2+6y$
（①②③④⑤⑥）
$=x^2+xy-2y^2+3x+6y$

(6) $(3x+5y+1)(2x-3y)$
$=3x(2x-3y)+5y(2x-3y)+(2x-3y)$
$=6x^2+xy-15y^2+2x-3y$

❸ (1) x^2+5x+6　(2) $x^2+5x-14$
(3) $x^2-2x-15$　(4) $a^2-7ab+10b^2$
(5) $x^2+2x+\dfrac{3}{4}$　(6) $x^2-\dfrac{1}{2}x-\dfrac{3}{16}$

解き方 順にかけあわせて，
$(a+b)(c+d)=ac+ad+bc+bd$ のようにしてもよいですが，次の乗法の公式❶を使います。

❶ $(x+a)(x+b)=x^2+(a+b)x+ab$

(1) $(x+2)(x+3)=x^2+(2+3)x+2\times 3$
$=x^2+5x+6$

(4) $(a-2b)(a-5b)$
$=a^2+(-2b-5b)a+(-2b)\times(-5b)$
$=a^2-7ab+10b^2$

(5) $\left(x+\dfrac{1}{2}\right)\left(x+\dfrac{3}{2}\right)=x^2+\left(\dfrac{1}{2}+\dfrac{3}{2}\right)x+\dfrac{1}{2}\times\dfrac{3}{2}$
$=x^2+2x+\dfrac{3}{4}$

(6) $\left(x+\dfrac{1}{4}\right)\left(x-\dfrac{3}{4}\right)$
$=x^2+\left(\dfrac{1}{4}-\dfrac{3}{4}\right)x+\dfrac{1}{4}\times\left(-\dfrac{3}{4}\right)$
$=x^2-\dfrac{1}{2}x-\dfrac{3}{16}$

❹ (1) x^2+6x+9　(2) $25x^2+60x+36$
(3) $x^2+8xy+16y^2$　(4) $9-12x+4x^2$
(5) $4x^2-6x+\frac{9}{4}$　(6) $x^2-14xy+49y^2$

解き方 次の乗法の公式❷，❸を使います。
❷ $(a+b)^2=a^2+2ab+b^2$　❸ $(a-b)^2=a^2-2ab+b^2$
(2) 公式❷を使うと，
$(5x+6)^2=(5x)^2+2\times5x\times6+6^2$
$=25x^2+60x+36$
(5) 公式❸を使うと，
$\left(2x-\frac{3}{2}\right)^2=(2x)^2-2\times2x\times\frac{3}{2}+\left(\frac{3}{2}\right)^2$
$=4x^2-6x+\frac{9}{4}$
(6) 公式❷を使うと，
$(-x+7y)^2=(-x)^2+2\times(-x)\times7y+(7y)^2$
$=x^2-14xy+49y^2$

❺ (1) x^2-9　(2) $25-a^2$
(3) $4x^2-25y^2$　(4) x^2-1
(5) $-16x^2+9$　(6) $x^2-\frac{4}{9}$

解き方 次の乗法の公式❹を使います。
❹ $(a+b)(a-b)=a^2-b^2$
(1) $(x+3)(x-3)=x^2-3^2$
$=x^2-9$
(3) $(2x+5y)(2x-5y)=(2x)^2-(5y)^2$
$=4x^2-25y^2$
(4) $(-x-1)(-x+1)=(-x)^2-1^2$
$=x^2-1$
(5) $(-4x+3)(4x+3)=(3-4x)(3+4x)$
$=3^2-(4x)^2$
$=9-16x^2$
別解 $(-4x+3)(4x+3)=-(4x-3)(4x+3)$
$=-\{(4x)^2-3^2\}$
$=-16x^2+9$

❻ (1) $2a^2+13a+27$　(2) $-6x+58$
(3) $4xy$　(4) $4ab-4b^2$

解き方 (1) $(a+5)^2+(a+1)(a+2)$
$=a^2+2\times a\times5+5^2+(a^2+3a+2)$
$=a^2+10a+25+a^2+3a+2$
$=2a^2+13a+27$
(2) $(x-3)^2-(x+7)(x-7)$
$=x^2-2\times x\times3+3^2-(x^2-49)$
$=x^2-6x+9-x^2+49$
$=-6x+58$
(3) $(x+y)^2-(x-y)^2$
$=x^2+2\times x\times y+y^2-(x^2-2\times x\times y+y^2)$
$=x^2+2xy+y^2-(x^2-2xy+y^2)$
$=x^2+2xy+y^2-x^2+2xy-y^2$
$=4xy$
(4) $a-b$ を A とします。
$(a-b)(a+3b)-(a-b)^2=A(a+3b)-A^2$
$=A(a+3b-A)$
A を $a-b$ にもどします。
$A(a+3b-A)=(a-b)\{a+3b-(a-b)\}$
$=(a-b)(a+3b-a+b)$
$=(a-b)\times4b$
$=4ab-4b^2$

❼ (1) $a(b+a)$　(2) $x(5y-3z)$
(3) $2xy(x-3y)$　(4) $4xy(2x-1)$
(5) $3b(ac-5c+3a)$

解き方 共通因数を見つけてくくり出します。
(1) 共通因数は a だから，
$ab+a^2=a\times b+a\times a$
$=a(b+a)$
(2) 共通因数は x だから，
$5xy-3xz=x\times5y+x\times(-3z)$
$=x(5y-3z)$
(3) 2，x，y のそれぞれが共通な因数ですが，このようなときは，その積 $2xy$ を共通な因数とします。
$2x^2y-6xy^2=2xy\times x+2xy\times(-3y)$
$=2xy(x-3y)$
(4) 共通因数は $4xy$ だから，
$8x^2y-4xy=4xy\times2x+4xy\times(-1)$
$=4xy(2x-1)$
(5) 共通因数は $3b$ だから，
$3abc-15bc+9ab=3b\times ac+3b\times(-5c)+3b\times3a$
$=3b(ac-5c+3a)$

▶ 本文 p.5

8 (1) $(x+y)(x-y)$　(2) $(x+5)(x-5)$
(3) $(a+2b)(a-2b)$　(4) $(3x+4)(3x-4)$
(5) $(4x+5y)(4x-5y)$　(6) $(y+7x)(y-7x)$

解き方 次の因数分解の公式❶′を使います。

❶′ $a^2-b^2=(a+b)(a-b)$

(2) $x^2-25=x^2-5^2$
$=(x+5)(x-5)$

(3) $a^2-4b^2=a^2-(2b)^2$
$=(a+2b)(a-2b)$

(4) $9x^2-16=(3x)^2-4^2$
$=(3x+4)(3x-4)$

(5) $16x^2-25y^2=(4x)^2-(5y)^2$
$=(4x+5y)(4x-5y)$

(6) $-49x^2+y^2=y^2-49x^2$
$=y^2-(7x)^2$
$=(y+7x)(y-7x)$

9 (1) $(x+2)^2$　(2) $(x-9)^2$
(3) $(3x-4)^2$　(4) $(x+3y)^2$
(5) $(4t-5)^2$　(6) $(2-y)^2$

解き方 次の因数分解の公式❷′，❸′を使います。

❷′ $a^2+2ab+b^2=(a+b)^2$

❸′ $a^2-2ab+b^2=(a-b)^2$

(1) $x^2+4x+4=x^2+2\times x\times 2+2^2$
$=(x+2)^2$

(2) $x^2-18x+81=x^2-2\times x\times 9+9^2$
$=(x-9)^2$

(3) $9x^2-24x+16=(3x)^2-2\times 3x\times 4+4^2$
$=(3x-4)^2$

(4) $x^2+6xy+9y^2=x^2+2\times x\times 3y+(3y)^2$
$=(x+3y)^2$

(5) $16t^2-40t+25=(4t)^2-2\times 4t\times 5+5^2$
$=(4t-5)^2$

(6) $4-4y+y^2=2^2-2\times 2\times y+y^2$
$=(2-y)^2$

10 (1) $(x+1)(x+2)$　(2) $(x+1)(x+12)$
(3) $(x-1)(x-3)$　(4) $(x+1)(x-6)$
(5) $(x+4)(x-6)$　(6) $(x-2)(x+8)$

解き方 次の因数分解の公式❹′を使います。

❹′ $x^2+(a+b)x+ab=(x+a)(x+b)$

(1) 積が 2，和が 3 になる 2 数を見つけます。
$1\times 2=2$，$1+2=3$ より，2 つの数の積が 2 になる数の組のうち，和が 3 になるのは 1 と 2 だから，
$x^2+3x+2=x^2+(1+2)x+1\times 2=(x+1)(x+2)$

(3) 積が 3，和が -4 になる 2 数を見つけます。
$x^2-4x+3=x^2+\{(-1)+(-3)\}x+(-1)\times(-3)$
$=(x-1)(x-3)$

(4) $x^2-5x-6=x^2+\{1+(-6)\}x+1\times(-6)$
$=(x+1)(x-6)$

(5) $x^2-2x-24=x^2+\{4+(-6)\}x+4\times(-6)$
$=(x+4)(x-6)$

(6) $x^2+6x-16=x^2+\{(-2)+8\}x+(-2)\times 8$
$=(x-2)(x+8)$

11 (1) $a(x-3)^2$　(2) $2x(y+2)(y-5)$
(3) $-a(x+2y)(x-2y)$　(4) $(x-y)(a-1)$
(5) $(x-3)(x+13)$

解き方 共通因数をくくり出してから，さらにかっこの中を因数分解したり，共通な部分を，1 つの文字におきかえてから，因数分解します。

(1) $ax^2-6ax+9a=a(x^2-6x+9)$
$=a(x-3)^2$

(2) $2xy^2-6xy-20x=2x(y^2-3y-10)$
$=2x(y+2)(y-5)$

(3) $-ax^2+4ay^2=-a(x^2-4y^2)$
$=-a(x+2y)(x-2y)$

(4) $x-y$ を M とすると，
$(x-y)a-(x-y)=Ma-M$
$=M(a-1)$
$=(x-y)(a-1)$

(5) $x+3$ を M とすると，
$(x+3)^2+4(x+3)-60=M^2+4M-60$
$=(M-6)(M+10)$
$=\{(x+3)-6\}\{(x+3)+10\}$
$=(x-3)(x+13)$

2節 式の計算の利用

p.7 Step 2

❶ (1) 3000　　(2) 10201

(3) 1584

解き方 (1) 因数分解の公式❶′を使います。

❶′ $a^2-b^2=(a+b)(a-b)$

$65^2-35^2=(65+35)\times(65-35)$

$=100\times30$

$=3000$

(2) 乗法の公式❷を使います。

❷ $(a+b)^2=a^2+2ab+b^2$

$101^2=(100+1)^2$

$=100^2+2\times100\times1+1^2$

$=10000+200+1$

$=10201$

(3) 乗法の公式❹を使います。

❹ $(a+b)(a-b)=a^2-b^2$

$36\times44=(40-4)\times(40+4)$

$=40^2-4^2$

$=1600-16$

$=1584$

❷ (1) -100　　(2) -1

解き方 乗法の公式を使って，式を簡単にしてから代入します。

(1) $(5-x)(5+x)+(x+3)(x-7)$

$=(25-x^2)+(x^2-4x-21)$

$=-4x+4$

$x=26$ を代入して，

$-4\times26+4=-100$

(2) $(x+y)^2-(x-y)^2$

$=(x^2+2xy+y^2)-(x^2-2xy+y^2)$

$=x^2+2xy+y^2-x^2+2xy-y^2$

$=4xy$

$x=-\dfrac{1}{3}$，$y=\dfrac{3}{4}$ を代入して，

$4\times\left(-\dfrac{1}{3}\right)\times\dfrac{3}{4}=-1$

❸ (例) 連続する2つの奇数は，整数 n を使って，$2n-1$，$2n+1$ と表される。

$(2n+1)^2-(2n-1)^2$

$=(4n^2+4n+1)-(4n^2-4n+1)$

$=4n^2+4n+1-4n^2+4n-1$

$=8n$

n は整数だから，$8n$ は8の倍数となる。

よって，連続する2つの奇数の2乗の差は，8の倍数である。

解き方 連続する奇数の表し方

整数 n を使って，$2n-1$，$2n+1$，$2n+3$，……と表されます。

また，$(2n+1)^2$，$(2n-1)^2$ は，乗法の公式❷，❸を使って展開します。

$(2n+1)^2=(2n)^2+2\times2n\times1+1^2$

$=4n^2+4n+1$

$(2n-1)^2=(2n)^2-2\times2n\times1+1^2$

$=4n^2-4n+1$

別解 因数分解の公式❶′を利用して，次のように計算してもよいです。

$(2n+1)^2-(2n-1)^2$

$=\{(2n+1)+(2n-1)\}\{(2n+1)-(2n-1)\}$

$=4n\times2$

$=8n$

❹ (例) 道の面積 S は，

$S=(p+2a)(q+2a)-pq$

$=(pq+2ap+2aq+4a^2)-pq$

$=2ap+2aq+4a^2$ ……①

道のまん中を通る線の長さ ℓ は，

$\ell=2\left(\dfrac{a}{2}+p+\dfrac{a}{2}\right)+2\left(\dfrac{a}{2}+q+\dfrac{a}{2}\right)$

$=2(a+p)+2(a+q)$

$=2p+2q+4a$

よって，

$a\ell=a(2p+2q+4a)$

$=2ap+2aq+4a^2$ ……②

①，②から，

$S=a\ell$

解き方 S と ℓ をそれぞれ p，q，a を使って表します。

p.8-9 Step 3

1 (1) $8x^2y-12xy^2$ (2) $-2a^2+4ab-10a$
(3) $-2x+3$ (4) $2x-3y$ (5) $-6xy+9y$
(6) $-10ab+15a+20b$

2 (1) $ab-a-b+1$ (2) $a^2-3ab-28b^2$
(3) x^3+1 (4) $x^2+8x+15$ (5) $y^2-5y-24$
(6) $x^2-10xy+25y^2$ (7) x^2-16y^2
(8) $10x+24$

3 (1) $a(x-2y+1)$ (2) $3a(4a-3)$
(3) $(3x+1)(3x-1)$ (4) $(x-8)^2$ (5) $\left(a+\frac{1}{2}\right)^2$
(6) $(y+2)(y+3)$ (7) $(x+10)(x-12)$
(8) $(x+5)(x-6)$ (9) $(a-3b+6)(a-3b-6)$
(10) $(x+2y-1)(x+2y+7)$

4 (1) 9604 (2) 9984

5 (1) 224 (2) 33

6 (例)連続する 3 つの整数は，整数 n を使って，$n-1$，n，$n+1$ と表される。まん中の数の 2 乗から 1 をひいた数は，n^2-1 と表され，
$n^2-1=(n-1)(n+1)$
となることから，残りの 2 数の積に等しい。

解き方

1 分配法則を使ってかっこをはずします。

(1) $(2x-3y)\times 4xy=2x\times 4xy-3y\times 4xy$
$=8x^2y-12xy^2$

(3) $(6x^2-9x)\div(-3x)$
$=(6x^2-9x)\times\left(-\frac{1}{3x}\right)$
$=6x^2\times\left(-\frac{1}{3x}\right)-9x\times\left(-\frac{1}{3x}\right)$
$=-2x+3$

(5) $-\frac{2}{3}x=-\frac{2x}{3}$ であることに注意します。
$(4x^2y-6xy)\div\left(-\frac{2}{3}x\right)$
$=(4x^2y-6xy)\times\left(-\frac{3}{2x}\right)$
$=4x^2y\times\left(-\frac{3}{2x}\right)-6xy\times\left(-\frac{3}{2x}\right)$
$=-6xy+9y$

2 (5) $(y+3)(y-8)=y^2+(3-8)y+3\times(-8)$
$=y^2-5y-24$

(6) $(x-5y)^2=x^2-2\times x\times 5y+(5y)^2$
$=x^2-10xy+25y^2$

(7) $(x+4y)(x-4y)=x^2-(4y)^2$
$=x^2-16y^2$

(8) $(x+4)^2-(x+2)(x-4)$
$=(x^2+8x+16)-(x^2-2x-8)$
$=x^2+8x+16-x^2+2x+8$
$=10x+24$

3 (2) $12a^2-9a=3a\times 4a+3a\times(-3)$
$=3a(4a-3)$

(3) $9x^2-1=(3x)^2-1^2$
$=(3x+1)(3x-1)$

(4) $x^2-16x+64=x^2-2\times x\times 8+8^2$
$=(x-8)^2$

(5) $a^2+a+\frac{1}{4}=a^2+2\times a\times\frac{1}{2}+\left(\frac{1}{2}\right)^2$
$=\left(a+\frac{1}{2}\right)^2$

(6) $y^2+5y+6=y^2+(2+3)y+2\times 3$
$=(y+2)(y+3)$

(8) $-x-30+x^2=x^2+\{5+(-6)\}x+5\times(-6)$
$=(x+5)(x-6)$

(9) $a-3b$ を M とすると，
$(a-3b)^2-36=M^2-6^2=(M+6)(M-6)$
$=(a-3b+6)(a-3b-6)$

(10) $x+2y$ を M とすると，
$(x+2y)^2+6(x+2y)-7=M^2+6M-7$
$=(M-1)(M+7)$
$=(x+2y-1)(x+2y+7)$

4 (1) $98^2=(100-2)^2$
$=100^2-2\times 100\times 2+2^2$
$=10000-400+4=9604$

(2) $104\times 96=(100+4)\times(100-4)$
$=100^2-4^2$
$=10000-16=9984$

5 (1) $(x-3y)(x+3y)-(x+y)(x-9y)=8xy$
これに $x=7$，$y=4$ を代入して，$8\times 7\times 4=224$

(2) $a^2-b^2=(a+b)(a-b)$
これに $a=6.65$，$b=3.35$ を代入して，
$(6.65+3.35)\times(6.65-3.35)=10\times 3.3=33$

6 連続する 3 つの整数を，整数 n を使って，n，$n+1$，$n+2$ と表しても証明できますが，少し複雑です。

2章 平方根

1節 平方根

p.11-12 Step❷

❶ (1) 2, −2　(2) 8, −8　(3) 0.7, −0.7
(4) 0.1, −0.1　(5) $\frac{4}{9}$, $-\frac{4}{9}$　(6) $\sqrt{7}$, $-\sqrt{7}$
(7) $\sqrt{0.9}$, $-\sqrt{0.9}$　(8) $\sqrt{\frac{1}{3}}$, $-\sqrt{\frac{1}{3}}$

解き方 $a>0$ のとき，a^2 の平方根は a と $-a$ です。
また，± の記号を用いて $\pm a$ と表してもよいです。
(1) $4=2^2$, $4=(-2)^2$ ➡ 2, −2
(3) $0.49=0.7^2$, $0.49=(-0.7)^2$ ➡ 0.7, −0.7
(5) $\frac{16}{81}=\left(\frac{4}{9}\right)^2$, $\frac{16}{81}=\left(-\frac{4}{9}\right)^2$ ➡ $\frac{4}{9}$, $-\frac{4}{9}$
(8) $\frac{1}{3}=\left(\sqrt{\frac{1}{3}}\right)^2$, $\frac{1}{3}=\left(-\sqrt{\frac{1}{3}}\right)^2$ ➡ $\sqrt{\frac{1}{3}}$, $-\sqrt{\frac{1}{3}}$

❷ (1) 3　(2) 11　(3) −7
(4) −0.6　(5) −1　(6) $\frac{2}{5}$

解き方 (1) $\sqrt{9}=\sqrt{3^2}=3$
(2) $\sqrt{121}=\sqrt{11^2}=11$
(3) $-\sqrt{49}=-\sqrt{7^2}=-7$
(4) $-\sqrt{0.36}=-\sqrt{0.6^2}=-0.6$
(6) $\sqrt{\frac{4}{25}}=\sqrt{\left(\frac{2}{5}\right)^2}=\frac{2}{5}$

❸ (1) 7　(2) 3　(3) −10

解き方 a を正の数とするとき，
$(\sqrt{a})^2=\sqrt{a}\times\sqrt{a}=a$, $(-\sqrt{a})^2=a$
(1) $(\sqrt{7})^2=\sqrt{7}\times\sqrt{7}=7$
(2) $(-\sqrt{3})^2=(-\sqrt{3})\times(-\sqrt{3})=3$
(3) $-(\sqrt{10})^2=-(\sqrt{10}\times\sqrt{10})=-10$

❹ (1) ±10　(2) 4　(3) 3　(4) 6

解き方 (1) 正の数の平方根は正と負の 2 つあるから，100 の平方根は ±10 です。
(2) $\sqrt{16}$ は 16 の平方根のうち正の方だから 4 です。
(3) $\sqrt{(-3)^2}=\sqrt{9}=3$
(4) $-\sqrt{6}$ は 6 の平方根のうち負の方だから，2 乗すると 6 になります。

❺ (1) $3>\sqrt{5}$　(2) $\sqrt{\frac{1}{3}}>\frac{1}{3}$　(3) $-\sqrt{3}<-1.6$

解き方 a, b が正の数のとき，$a<b$ ならば，
$\sqrt{a}<\sqrt{b}$ となります。
(1) $3=\sqrt{9}$ だから，$9>5$　よって，$3>\sqrt{5}$
(2) $\frac{1}{3}=\sqrt{\frac{1}{9}}$ だから，$\frac{1}{3}>\frac{1}{9}$　よって，$\sqrt{\frac{1}{3}}>\frac{1}{3}$
(3) $1.6=\sqrt{2.56}$ で，$3>2.56$ だから，$\sqrt{3}>1.6$
よって，$-\sqrt{3}<-1.6$

❻ $-\sqrt{6}$, $-\sqrt{3}$, 0, $\sqrt{2}$, $\sqrt{5}$

解き方 a, b が正の数のとき，$a<b$ ならば，
$\sqrt{a}<\sqrt{b}$ となります。

❼ (1) 1, 2, 3, 4, 5, 6, 7, 8　(2) 48
(3) 10, 11　(4) 1, 2, 3

解き方 $\sqrt{\ }$ のついていない数に $\sqrt{\ }$ をつけて表してから考えます。
(1) $\sqrt{a}<\sqrt{9}$ より，$a<9$
(2) $\sqrt{47.61}<\sqrt{a}<\sqrt{49}$ より，$47.61<a<49$
(3) $\sqrt{9.61}<\sqrt{a}<\sqrt{11.56}$ より，$9.61<a<11.56$
(4) $-\sqrt{4}<-\sqrt{a}<\sqrt{0}$ より，$0<a<4$

❽ (1) 2.6　(2) 2.7　(3) 6

解き方 $2.6^2<7<2.7^2$ だから，$2.6<\sqrt{7}<2.7$です。
$\sqrt{7}=2.6\cdots$となるので，小数第 1 位の数は 6 です。

❾ (1) $\frac{\pi}{2}$, $\sqrt{3}$
(2) ① $0.\dot{2}$　② $0.\dot{5}\dot{4}$　③ $2.\dot{1}4285\dot{7}$

解き方 (1) $\frac{\pi}{2}$, $\sqrt{3}$ は循環しない無限小数です。
(2) ① $\frac{2}{9}=0.2222\cdots$　② $\frac{6}{11}=0.5454\cdots$
③ $\frac{15}{7}=2.142857142857\cdots$

❿ (1) $2.35\leqq a<2.45$　(2) 6.80×10^3 (kg)

解き方 (1) 小数第 2 位を四捨五入して，2.4 になる最小の数は 2.35 です。2.45 は小数第 2 位を四捨五入すると，2.5 になります。
(2) $6800=6.80\times1000=6.80\times10^3$ (kg)
有効数字は 3 けたなので，十の位の 0 は有効数字ですが，一の位の 0 は有効数字ではありません。

2節 根号をふくむ式の計算

3節 平方根の利用

p.14-15 Step 2

❶ (1) $\sqrt{21}$ (2) -4 (3) 20

(4) $-\sqrt{3}$ (5) $\frac{4}{3}$ (6) 2

解き方 (1) $\sqrt{3}\times\sqrt{7}=\sqrt{21}$

(2) $\sqrt{8}\times(-\sqrt{2})=-\sqrt{16}=-4$

(3) $\sqrt{5}\times\sqrt{80}=\sqrt{400}=20$

(4) $(-\sqrt{15})\div\sqrt{5}=-\sqrt{\frac{15}{5}}=-\sqrt{3}$

(5) $\sqrt{48}\div\sqrt{27}=\sqrt{\frac{48}{27}}=\sqrt{\frac{16}{9}}=\frac{4}{3}$

(6) $\sqrt{6}\times\sqrt{2}\div\sqrt{3}=\sqrt{\frac{6\times2}{3}}=\sqrt{4}=2$

❷ (1) $\sqrt{8}$ (2) $\sqrt{48}$ (3) $\sqrt{3}$

解き方 (1) $2\sqrt{2}=\sqrt{2^2\times2}$

$=\sqrt{8}$

(2) $4\sqrt{3}=\sqrt{4^2\times3}$

$=\sqrt{48}$

(3) $\frac{\sqrt{27}}{3}=\frac{\sqrt{27}}{\sqrt{9}}$

$=\sqrt{\frac{27}{9}}$

$=\sqrt{3}$

❸ (1) $2\sqrt{3}$ (2) $4\sqrt{2}$ (3) $3\sqrt{5}$

(4) $11\sqrt{2}$ (5) $\frac{\sqrt{3}}{5}$ (6) $\frac{2\sqrt{3}}{7}$

解き方 (1) $\sqrt{12}=\sqrt{2^2\times3}=2\sqrt{3}$

(2) $\sqrt{32}=\sqrt{4^2\times2}=4\sqrt{2}$

(3) $\sqrt{45}=\sqrt{3^2\times5}=3\sqrt{5}$

(4) $242=2\times11^2$ だから，

$\sqrt{242}=\sqrt{2\times11^2}=11\sqrt{2}$

(5) $\sqrt{\frac{3}{25}}=\frac{\sqrt{3}}{\sqrt{25}}=\frac{\sqrt{3}}{5}$

(6) $\sqrt{\frac{12}{49}}=\frac{\sqrt{12}}{\sqrt{49}}=\frac{\sqrt{2^2\times3}}{7}=\frac{2\sqrt{3}}{7}$

❹ (1) $\frac{2\sqrt{5}}{5}$ (2) $\frac{\sqrt{3}}{3}$ (3) $\sqrt{2}$

解き方 (1) $\sqrt{5}$ を分母，分子にかけます。

$\frac{2}{\sqrt{5}}=\frac{2\times\sqrt{5}}{\sqrt{5}\times\sqrt{5}}=\frac{2\sqrt{5}}{5}$

(2) $\sqrt{6}$ を分母，分子にかけます。

$\frac{\sqrt{2}}{\sqrt{6}}=\frac{\sqrt{2}\times\sqrt{6}}{\sqrt{6}\times\sqrt{6}}=\frac{\sqrt{12}}{6}=\frac{2\sqrt{3}}{6}=\frac{\sqrt{3}}{3}$

(3) $\sqrt{\ }$ の中を，なるべく小さな自然数に変形してから，$\sqrt{2}$ を分母，分子にかけて有理化します。

$\frac{6}{\sqrt{18}}=\frac{6}{3\sqrt{2}}=\frac{2}{\sqrt{2}}=\frac{2\times\sqrt{2}}{\sqrt{2}\times\sqrt{2}}=\frac{2\sqrt{2}}{2}=\sqrt{2}$

❺ (1) 4.242 (2) 7.07

解き方 $\sqrt{\ }$ の中を簡単な数にしたり，分母を有理化したりしてから計算します。

(1) $\sqrt{18}=3\sqrt{2}=3\times1.414=4.242$

(2) $\frac{10}{\sqrt{2}}=\frac{10\times\sqrt{2}}{\sqrt{2}\times\sqrt{2}}=\frac{10\sqrt{2}}{2}=5\sqrt{2}$

$=5\times1.414=7.07$

❻ (1) $8\sqrt{2}$ (2) $\sqrt{3}$ (3) $7-4\sqrt{7}$

(4) $\sqrt{6}$ (5) $5\sqrt{3}$ (6) $2\sqrt{5}$

(7) $4\sqrt{2}$ (8) $4\sqrt{6}$ (9) $3\sqrt{3}$

(10) $-5\sqrt{2}$

解き方 (1) $6\sqrt{2}+2\sqrt{2}=(6+2)\sqrt{2}=8\sqrt{2}$

(2) $4\sqrt{3}-3\sqrt{3}=(4-3)\sqrt{3}=\sqrt{3}$

(3) $7-6\sqrt{7}+2\sqrt{7}=7+(-6+2)\sqrt{7}=7-4\sqrt{7}$

(4) $\sqrt{24}-\sqrt{6}=2\sqrt{6}-\sqrt{6}=\sqrt{6}$

(5) $\sqrt{27}+\sqrt{12}=\sqrt{3^2\times3}+\sqrt{2^2\times3}$

$=3\sqrt{3}+2\sqrt{3}$

$=5\sqrt{3}$

(6) $\sqrt{80}-\sqrt{20}=\sqrt{4^2\times5}-\sqrt{2^2\times5}$

$=4\sqrt{5}-2\sqrt{5}$

$=2\sqrt{5}$

(7) $\sqrt{50}+\sqrt{18}-\sqrt{32}=5\sqrt{2}+3\sqrt{2}-4\sqrt{2}=4\sqrt{2}$

(8) $\sqrt{150}-2\sqrt{24}+\sqrt{54}=5\sqrt{6}-4\sqrt{6}+3\sqrt{6}$

$=4\sqrt{6}$

(9) $\frac{6}{\sqrt{3}}+\sqrt{3}=\frac{6\sqrt{3}}{3}+\sqrt{3}$

$=2\sqrt{3}+\sqrt{3}=3\sqrt{3}$

(10) $\sqrt{50}-\frac{20}{\sqrt{2}}=5\sqrt{2}-\frac{20\sqrt{2}}{2}$

$=5\sqrt{2}-10\sqrt{2}=-5\sqrt{2}$

❼ (1) $4-3\sqrt{2}$　(2) $-4+3\sqrt{6}$
(3) 4　(4) $7-2\sqrt{10}$
(5) $4\sqrt{6}$

解き方 分配法則や乗法の公式を使って計算します。

(1) $\sqrt{2}(\sqrt{8}-3)=\sqrt{16}-3\sqrt{2}$
$=4-3\sqrt{2}$

(2) $(\sqrt{6}+5)(\sqrt{6}-2)$
$=(\sqrt{6})^2+\{5+(-2)\}\times\sqrt{6}+5\times(-2)$
$=6+3\sqrt{6}-10$
$=-4+3\sqrt{6}$

(3) $(\sqrt{7}-\sqrt{3})(\sqrt{7}+\sqrt{3})=(\sqrt{7})^2-(\sqrt{3})^2$
$=7-3$
$=4$

(4) $(\sqrt{5}-\sqrt{2})^2=(\sqrt{5})^2-2\times\sqrt{5}\times\sqrt{2}+(\sqrt{2})^2$
$=5-2\sqrt{10}+2$
$=7-2\sqrt{10}$

(5) $(\sqrt{3}+\sqrt{2})^2-(\sqrt{3}-\sqrt{2})^2$
$=(\sqrt{3}+\sqrt{2}+\sqrt{3}-\sqrt{2})(\sqrt{3}+\sqrt{2}-\sqrt{3}+\sqrt{2})$
$=2\sqrt{3}\times2\sqrt{2}$
$=4\sqrt{6}$

別解　$(\sqrt{3}+\sqrt{2})^2-(\sqrt{3}-\sqrt{2})^2$
$=3+2\sqrt{6}+2-(3-2\sqrt{6}+2)$
$=4\sqrt{6}$

❽ $15\sqrt{2}$ cm

解き方 切り口の正方形の面積は,

$30\times30\times\frac{1}{2}=450\ (\text{cm}^2)$

だから, 1 辺の長さは, この値の平方根のうち, 正の方で, $\sqrt{450}=15\sqrt{2}$ (cm)

❾ (1) $4+8\sqrt{2}$ (cm²)　(2) $36+16\sqrt{2}$ (cm²)

解き方 (1) 正方形㋐, ㋒の 1 辺の長さは,
$\sqrt{8}=2\sqrt{2}$ (cm)
正方形㋑の 1 辺の長さは, $\sqrt{4}=2$(cm)
よって, $\text{EG}=2\sqrt{2}+2+2\sqrt{2}=4\sqrt{2}+2$ (cm),
EF=2cm だから, 長方形 EGHF の面積は,
$(4\sqrt{2}+2)\times2=4+8\sqrt{2}\ (\text{cm}^2)$
(2) $\text{AD}=\text{AB}=\text{EG}=4\sqrt{2}+2$ (cm) だから, 正方形 ABCD の面積は,
$(4\sqrt{2}+2)^2=36+16\sqrt{2}\ (\text{cm}^2)$

p.16-17 Step 3

❶ (1) $4,\ -4$　(2) $0.3,\ -0.3$　(3) $\frac{5}{8},\ -\frac{5}{8}$　(4) 0

❷ (1) 6　(2) $-2>-\sqrt{5}$　(3) $\pi,\ -\sqrt{7}$

❸ (1) $\frac{\sqrt{3}}{3}$　(2) $\frac{\sqrt{10}}{5}$　(3) $3\sqrt{2}$

❹ (1) 3.464　(2) 10.392　(3) 0.433

❺ (1) $\sqrt{15}$　(2) -3　(3) $7\sqrt{6}$　(4) $5\sqrt{3}$　(5) $\sqrt{2}$
(6) $4\sqrt{3}$　(7) 12　(8) $-\frac{\sqrt{21}}{6}$　(9) $14-4\sqrt{6}$
(10) $-5+7\sqrt{35}$

❻ (1) $\frac{\sqrt{3}}{5},\ \frac{3}{5},\ \sqrt{\frac{3}{5}},\ \frac{3}{\sqrt{5}}$　(2) 2
(3) $17.5\leqq a<18.5$　(4) 7.30×10^4 (m)

❼ (1) $2\sqrt{5}$　(2) 1　(3) 21

❽ (1) $\sqrt{10}-\sqrt{2}$ (cm)　(2) $42-8\sqrt{5}$ (cm²)

解き方

❶ 0 以外は, 平方根は正と負の 2 つあります。
(1) $16=4^2$ ➡ $4,\ -4$
(2) $0.09=0.3^2$ ➡ $0.3,\ -0.3$
(3) $\frac{25}{64}=\left(\frac{5}{8}\right)^2$ ➡ $\frac{5}{8},\ -\frac{5}{8}$
(1)～(3) は, ± の記号を用いてもよいです。

❷ (1) $\sqrt{36}=\sqrt{6^2}=6$
(2) $2=\sqrt{4}$ で, $4<5$ だから, $\sqrt{4}<\sqrt{5}$
すなわち, $2<\sqrt{5}$　よって, $-2>-\sqrt{5}$
(3) $\sqrt{\frac{9}{25}}=\frac{3}{5}$ だから, $\sqrt{\frac{9}{25}}$ は有理数です。
円周率 π, $-\sqrt{7}$ は循環しない無限小数(分数で表すことができないから無理数)です。

❸ (1) $\sqrt{3}$ を分母, 分子にかけます。
$\frac{1}{\sqrt{3}}=\frac{1\times\sqrt{3}}{\sqrt{3}\times\sqrt{3}}=\frac{\sqrt{3}}{3}$
(2) $\sqrt{5}$ を分母, 分子にかけます。
$\frac{\sqrt{2}}{\sqrt{5}}=\frac{\sqrt{2}\times\sqrt{5}}{\sqrt{5}\times\sqrt{5}}=\frac{\sqrt{10}}{5}$
(3) $\sqrt{\ }$ の中を, なるべく小さな自然数に変形してから, $\sqrt{2}$ を分母, 分子にかけて有理化します。
$\frac{12}{\sqrt{8}}=\frac{12}{2\sqrt{2}}=\frac{6}{\sqrt{2}}=\frac{6\times\sqrt{2}}{\sqrt{2}\times\sqrt{2}}=\frac{6\sqrt{2}}{2}$
$=3\sqrt{2}$

❹ $\sqrt{\ }$ の中を簡単な数にしたり，分母を有理化したりしてから計算します。

(1) $\sqrt{12}=2\sqrt{3}=2\times1.732=3.464$

(3) $\dfrac{3}{4\sqrt{3}}=\dfrac{3\times\sqrt{3}}{4\sqrt{3}\times\sqrt{3}}=\dfrac{3\sqrt{3}}{12}=\dfrac{\sqrt{3}}{4}$

$=1.732\div4=0.433$

❺ (1) $\sqrt{5}\times\sqrt{3}=\sqrt{5\times3}=\sqrt{15}$

(2) $(-\sqrt{54})\div\sqrt{6}=-\dfrac{\sqrt{54}}{\sqrt{6}}$

$=-\sqrt{9}$

$=-3$

(3) $\sqrt{21}\times\sqrt{14}=\sqrt{3\times7}\times\sqrt{2\times7}$

$=\sqrt{2\times3\times7^2}$

$=7\sqrt{6}$

(4) $2\sqrt{3}+3\sqrt{3}=(2+3)\sqrt{3}$

$=5\sqrt{3}$

(5) $\sqrt{32}-\sqrt{18}=4\sqrt{2}-3\sqrt{2}$

$=(4-3)\sqrt{2}$

$=\sqrt{2}$

(6) $\sqrt{75}+\sqrt{27}-\sqrt{48}=5\sqrt{3}+3\sqrt{3}-4\sqrt{3}$

$=(5+3-4)\sqrt{3}$

$=4\sqrt{3}$

(7) $4\sqrt{6}\div\sqrt{12}\times\sqrt{18}=\dfrac{4\sqrt{6}\times\sqrt{18}}{\sqrt{12}}$

$=4\times\sqrt{\dfrac{6\times18}{12}}$

$=4\times\sqrt{9}$

$=12$

(8) $\sqrt{\dfrac{7}{3}}-\dfrac{\sqrt{21}}{2}=\dfrac{\sqrt{21}}{3}-\dfrac{\sqrt{21}}{2}$

$=-\dfrac{\sqrt{21}}{6}$

(9) $(2\sqrt{3}-\sqrt{2})^2$

$=(2\sqrt{3})^2-2\times2\sqrt{3}\times\sqrt{2}+(\sqrt{2})^2$

$=12-4\sqrt{6}+2$

$=14-4\sqrt{6}$

(10) $(2\sqrt{5}-\sqrt{7})(3\sqrt{5}+5\sqrt{7})$

$=2\sqrt{5}\times3\sqrt{5}+2\sqrt{5}\times5\sqrt{7}$

$-\sqrt{7}\times3\sqrt{5}-\sqrt{7}\times5\sqrt{7}$

$=30+10\sqrt{35}-3\sqrt{35}-35$

$=-5+7\sqrt{35}$

❻ (1) 分母を 5，分子を $\sqrt{a}$ の形にしてくらべます。

$\dfrac{3}{5}=\dfrac{\sqrt{9}}{5}$，$\sqrt{\dfrac{3}{5}}=\dfrac{\sqrt{3}}{\sqrt{5}}=\dfrac{\sqrt{15}}{5}$，

$\dfrac{3}{\sqrt{5}}=\dfrac{3\sqrt{5}}{5}=\dfrac{\sqrt{45}}{5}$ で，

$\dfrac{\sqrt{3}}{5}<\dfrac{\sqrt{9}}{5}<\dfrac{\sqrt{15}}{5}<\dfrac{\sqrt{45}}{5}$ だから，

$\dfrac{\sqrt{3}}{5}<\dfrac{3}{5}<\sqrt{\dfrac{3}{5}}<\dfrac{3}{\sqrt{5}}$

(2) $18=3^2\times2$ より，

$\sqrt{18a}=\sqrt{3^2\times2\times a}=3\sqrt{2a}$

$\sqrt{2a}$ が自然数になればよいから，もっとも小さい自然数 a は 2 です。

(3) a は，17.5 以上 18.5 未満の数です。

(4) 有効数字をはっきりさせるために，

(整数部分が 1 けたの小数)×(10 の何乗か)

の形で表します。

$73000=7.30\times10000=7.30\times10^4$ (m)

十の位と一の位の 0 は，有効数字ではありません。

❼ (1) $x+y=(\sqrt{5}+2)+(\sqrt{5}-2)=2\sqrt{5}$

(2) $xy=(\sqrt{5}+2)(\sqrt{5}-2)=5-4=1$

(3) x，y の値をそのまま代入してもよいですが，式を次のように変形して，(1)，(2) の結果を利用すると計算が簡単になり，ミスが防げます。

$x^2+3xy+y^2=x^2+2xy+y^2+xy$

$=(x+y)^2+xy$

$=(2\sqrt{5})^2+1=20+1=21$

❽ (1) (正方形 IFCG の面積)$=10\text{cm}^2$ より，

IF$=\sqrt{10}$ (cm)

(正方形 IJKL の面積)$=2\text{cm}^2$ より，

IJ$=\sqrt{2}$ (cm)

JF＝IF－IJ

$=\sqrt{10}-\sqrt{2}$ (cm)

(2) (正方形 AEKH の面積)$=10\text{cm}^2$ より，

AE$=\sqrt{10}$ (cm)

AB＝AE＋EB

$=\sqrt{10}+\sqrt{10}-\sqrt{2}$

$=2\sqrt{10}-\sqrt{2}$ (cm)

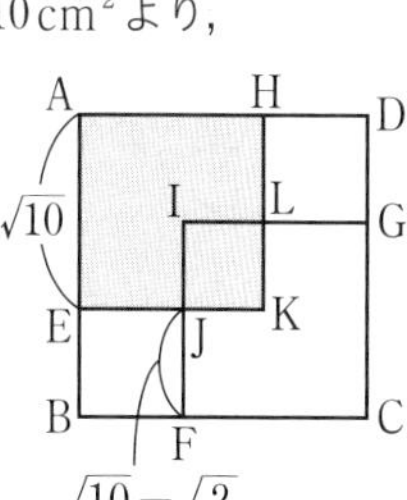

(正方形 ABCD の面積)

$=(2\sqrt{10}-\sqrt{2})^2$

$=42-8\sqrt{5}$ (cm^2)

3章 二次方程式

1節 二次方程式　2節 二次方程式の利用

p.19-21　Step 2

❶ (1) $x=\pm4$　(2) $x=\pm\sqrt{15}$　(3) $x=\pm\dfrac{\sqrt{7}}{5}$

解き方 $x^2=a$ の解は a の平方根です。

(1) $x^2=16$

$x=\pm4$

(2) $2x^2=30$ ─ 両辺を2でわる。

$x^2=15$

$x=\pm\sqrt{15}$

(3) $25x^2-7=0$ ─ -7 を右辺に移項し，両辺を25でわる。

$x^2=\dfrac{7}{25}$

$x=\pm\dfrac{\sqrt{7}}{5}$

❷ (1) $x=7,\ -9$　(2) $x=10,\ -4$
(3) $x=5\pm\sqrt{10}$　(4) $x=-7\pm\sqrt{5}$

解き方 $(x+▲)^2=●$の形をした二次方程式は，かっこの中をひとまとまりのものとみて解きます。

(1) $(x+1)^2=64$

$x+1$ を M とすると，

$M^2=64$

$M=\pm8$

M をもとにもどすと，

$x+1=\pm8$　すなわち，$x+1=8$，$x+1=-8$

したがって，$x=7,\ -9$

(2) $(x-3)^2-49=0$

$(x-3)^2=49$

$x-3$ を M とすると，

$M^2=49$

$M=\pm7$

M をもとにもどすと，

$x-3=\pm7$　すなわち，$x-3=7$，$x-3=-7$

したがって，$x=10,\ -4$

(3) $(x-5)^2-10=0$

$(x-5)^2=10$

$x-5$ を M とすると，

$M^2=10$

$M=\pm\sqrt{10}$

M をもとにもどすと，

$x-5=\pm\sqrt{10}$　したがって，$x=5\pm\sqrt{10}$

(4) $5(x+7)^2-25=0$

$(x+7)^2=5$

$x+7$ を M とすると，

$M^2=5$

$M=\pm\sqrt{5}$

M をもとにもどすと，

$x+7=\pm\sqrt{5}$　したがって，$x=-7\pm\sqrt{5}$

❸ (1) ㋐ 9　㋑ 3　(2) ㋒ 16　㋓ 4

解き方 左辺の（　）には，x の係数の $\dfrac{1}{2}$ の2乗が入ります。

(1) x の係数は6です。$\dfrac{6}{2}=3$，$3^2=9$

(2) x の係数は -8 です。$\dfrac{-8}{2}=-4$，$(-4)^2=16$

❹ (1) 2　(2) 7　(3) $\sqrt{7}$

解き方 左辺が $(x+m)^2$ の形になるように変形します。

❺ (1) $x=-3\pm\sqrt{13}$　(2) $x=5\pm\sqrt{23}$

解き方 x の係数の $\dfrac{1}{2}$ の2乗を両辺に加えましょう。

(1) $x^2+6x-4=0$ ─ -4 を右辺に移項して両辺に9を加える。

$x^2+6x+9=4+9$

$(x+3)^2=13$

$x+3=\pm\sqrt{13}$

$x=-3\pm\sqrt{13}$

(2) $x^2-10x+2=0$ ─ 2を右辺に移項して両辺に25を加える。

$x^2-10x+25=-2+25$

$(x-5)^2=23$

$x-5=\pm\sqrt{23}$

$x=5\pm\sqrt{23}$

❻ ㋐ 3　㋑ 5　㋒ -1
㋓ 3　㋔ -5　㋕ 5
㋖ 3　㋗ -1　㋘ 6
㋙ -5　㋚ 37

解き方 解の公式に代入する a，b，c の値を確認します。解の公式を正確に覚えて使いこなせるようにしておきましょう。

❼ (1) $x=\frac{1\pm\sqrt{5}}{2}$　(2) $x=-2\pm2\sqrt{3}$
(3) $x=3\pm2\sqrt{3}$　(4) $x=1,\ \frac{3}{2}$
(5) $x=\frac{1\pm\sqrt{33}}{4}$　(6) $x=-\frac{1}{3},\ 1$

解き方 解の公式に，a，b，c の値を代入します。

(1) $a=1$，$b=-1$，$c=-1$ を代入すると，

$$x=\frac{-(-1)\pm\sqrt{(-1)^2-4\times1\times(-1)}}{2\times1}$$
$$=\frac{1\pm\sqrt{1+4}}{2}$$
$$=\frac{1\pm\sqrt{5}}{2}$$

(2) $a=1$，$b=4$，$c=-8$ を代入すると，

$$x=\frac{-4\pm\sqrt{4^2-4\times1\times(-8)}}{2\times1}$$
$$=\frac{-4\pm\sqrt{48}}{2}$$
$$=\frac{-4\pm4\sqrt{3}}{2}$$
$$=-2\pm2\sqrt{3}$$

(3) $a=1$，$b=-6$，$c=-3$ を代入すると，

$$x=\frac{-(-6)\pm\sqrt{(-6)^2-4\times1\times(-3)}}{2\times1}$$
$$=\frac{6\pm\sqrt{48}}{2}$$
$$=\frac{6\pm4\sqrt{3}}{2}$$
$$=3\pm2\sqrt{3}$$

(4) $a=2$，$b=-5$，$c=3$ を代入すると，

$$x=\frac{-(-5)\pm\sqrt{(-5)^2-4\times2\times3}}{2\times2}$$
$$=\frac{5\pm\sqrt{1}}{4}$$
$$=\frac{5\pm1}{4}$$

よって，$x=\frac{5-1}{4}=1$，$x=\frac{5+1}{4}=\frac{3}{2}$

(5) 式を変形すると，$2x^2-x-4=0$

解の公式に，$a=2$，$b=-1$，$c=-4$ を代入すると，

$$x=\frac{-(-1)\pm\sqrt{(-1)^2-4\times2\times(-4)}}{2\times2}=\frac{1\pm\sqrt{33}}{4}$$

(6) 式を変形すると，$3x^2-2x-1=0$

解の公式に，$a=3$，$b=-2$，$c=-1$ を代入すると，

$$x=\frac{-(-2)\pm\sqrt{(-2)^2-4\times3\times(-1)}}{2\times3}$$
$$=\frac{2\pm\sqrt{16}}{6}$$
$$=\frac{2\pm4}{6}$$

よって，$x=\frac{2-4}{6}=-\frac{1}{3}$，$x=\frac{2+4}{6}=1$

❽ (1) $x=-3,\ 5$　(2) $x=-2$
(3) $x=3,\ 4$　(4) $x=2,\ -5$
(5) $x=0,\ -6$　(6) $x=0,\ -\frac{5}{4}$
(7) $x=5$　(8) $x=2,\ 6$

解き方 与えられた式を因数分解し，「2 つの数や式を A，B とするとき，$AB=0$ ならば，$A=0$ または $B=0$」の考え方を使います。

(3) $x^2-7x+12=0$ ➡ $(x-3)(x-4)=0$
(4) $x^2+3x-10=0$ ➡ $(x-2)(x+5)=0$
(5) $x^2+6x=0$ ➡ $x(x+6)=0$
(6) $4x^2=-5x$ ➡ $x(4x+5)=0$
(7) $x^2-10x+25=0$ ➡ $(x-5)^2=0$
(8) $8x-x^2=12$ ➡ $(x-2)(x-6)=0$

❾ (1) $x=-1,\ 6$　(2) $x=3,\ 4$
(3) $x=3$　(4) $x=2,\ -3$

解き方 まず，式を整理して，(二次式)$=0$ の形に変形し，左辺を因数分解します。

(1) $x^2+x=6(x+1)$ ➡ $x^2+x=6x+6$
➡ $x^2-5x-6=0$ ➡ $(x+1)(x-6)=0$
(2) $(x-2)^2+8-3x=0$ ➡ $x^2-4x+4+8-3x=0$
➡ $x^2-7x+12=0$ ➡ $(x-3)(x-4)=0$
(3) $(x+2)(x+4)=2x^2+17$
➡ $x^2+6x+8-2x^2-17=0$
➡ $-x^2+6x-9=0$ ➡ $x^2-6x+9=0$
➡ $(x-3)^2=0$
(4) $(x+3)^2+(x-7)(x+3)=0$
➡ $x^2+6x+9+x^2-4x-21=0$
➡ $2x^2+2x-12=0$ ➡ $x^2+x-6=0$
➡ $(x-2)(x+3)=0$

❿ (1) 8，9，10　(2) $x=-6,\ 8$

解き方 (1) まん中の数を x とすると，3 つの正の整数は，$x-1$，x，$x+1$ となり，方程式は，

$(x-1)(x+1)=6x+26$

これを解くと，$x=-3,\ 9$

求める数は正の整数なので，-3 は問題にあいません。

よって，$x=9$

(2) $2x=x^2-48$ を解くと，$x=-6,\ 8$

どちらも問題にあっています。

⓫ 5m

解き方 道幅をxmとして，下の図のように，道路を移動させて考えます。

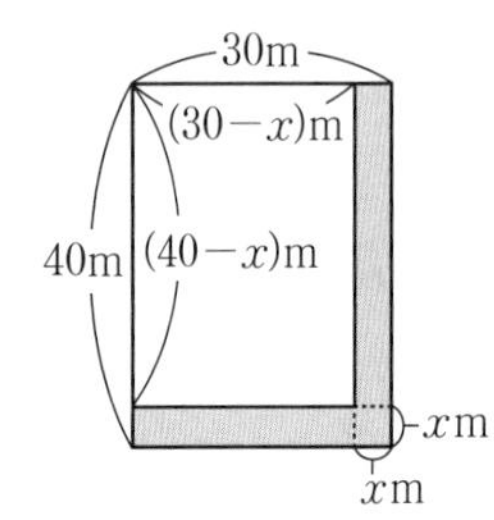

$(40-x)(30-x)=875$

$1200-70x+x^2=875$

$x^2-70x+325=0$

$(x-5)(x-65)=0$

$x=5,\ x=65$

$0<x<30$だから，$x=5$

⓬ $-2+2\sqrt{5}$ (cm)

解き方 辺BCの長さを$x$cmとおくと，AB$=(x+4)$cmとなるから，△ABCの面積について，

$\frac{1}{2}x(x+4)=8$

$x(x+4)=16$

$x^2+4x-16=0$

解の公式に，$a=1$，$b=4$，$c=-16$を代入すると，

$$x=\frac{-4\pm\sqrt{4^2-4\times1\times(-16)}}{2\times1}=\frac{-4\pm\sqrt{80}}{2}$$
$$=\frac{-4\pm4\sqrt{5}}{2}$$
$$=-2\pm2\sqrt{5}$$

$x>0$だから，BC$=-2+2\sqrt{5}$

⓭ (1) 27cm^2 (2) 4秒後，8秒後

解き方 (1) 3秒後のPCとCQの長さは，

PC$=24-2\times3=18$(cm)，CQ$=3$cmだから，

$$\triangle PCQ=\frac{1}{2}\times18\times3$$
$$=27\ (\mathrm{cm}^2)$$

(2) t秒後のPCとCQの長さは，

PC$=24-2t$(cm)，CQ$=t$cmだから，

$$\triangle PCQ=\frac{1}{2}\times PC\times CQ$$
$$=\frac{1}{2}\times(24-2t)\times t$$
$$=t(12-t)\ (\mathrm{cm}^2)$$

$t(12-t)=32$を解くと，$t=4,\ 8$

どちらも問題にあっています。

p.22-23 Step 3

❶ (1) $x=\pm3$ (2) ㋐，㋓

❷ (1) $x=\pm3\sqrt{3}$ (2) $x=-5\pm2\sqrt{5}$

(3) $x=-2,\ 6$ (4) $x=-13$ (5) $x=0,\ 10$

(6) $x=4,\ -10$ (7) $x=\frac{3\pm\sqrt{5}}{2}$

(8) $x=\frac{4\pm\sqrt{2}}{2}$ (9) $x=-4,\ 5$

(10) $x=-1\pm\sqrt{6}$

❸ (1) -5 (2) 8

❹ 10，11，12

❺ 6

❻ $x=16$

❼ (1) $0\leqq x\leqq4$ (2) 3秒後

解き方

❶ (1) $x^2-9=0$

$x^2=9$

$x=\pm3$

(2) それぞれの式のxに3，-3を代入し，左辺と右辺が等しくなるか調べます。

㋐$x=3$のとき，(左辺)$=3\times(3+3)=18$

$x=-3$のとき，(左辺)$=-3\times(-3+3)=0$

(左辺)=(右辺)より，-3は解です。

㋑$x=3$のとき，(左辺)$=3^2-2\times3=3$

$x=-3$のとき，(左辺)$=(-3)^2-2\times(-3)=15$

㋒$x=3$のとき，

(左辺)$=2\times3^2=18$

(右辺)$=6\times3-3=15$

$x=-3$のとき，

(左辺)$=2\times(-3)^2=18$

(右辺)$=6\times(-3)-3=-21$

㋓$x=3$のとき，

(左辺)$=(3-3)^2=0$

(左辺)=(右辺)より，3は解です。

$x=-3$のとき，

(左辺)$=(-3-3)^2=36$

以上から，解の1つが3または-3であるものは，㋐と㋓です。

❷ (1) $x^2=a$ の解は a の平方根です。

$x^2=27$ より，$x=\pm3\sqrt{3}$

(2) $(x+▲)^2=●$の形をした二次方程式は，かっこの中をひとまとまりのものとみて解きます。

$(x+5)^2=20$

$x+5$ を M とすると，

$M^2=20$

$M=\pm2\sqrt{5}$

M をもとにもどすと，

$x+5=\pm2\sqrt{5}$　したがって，$x=-5\pm2\sqrt{5}$

(3)～(6) 与えられた式を因数分解し，「2 つの数や式を A，B とするとき，$AB=0$ ならば，$A=0$ または $B=0$」の考え方を使います。

(3) $(x+2)(x-6)=0$ より，$x=-2$，6

(4) $(x+13)^2=0$ より，$x=-13$

(5) $x(x-10)=0$ より，$x=0$，10

(6) $(x-4)(x+10)=0$ より，$x=4$，-10

(7)(8) 解の公式を利用します。

(7) 解の公式に $a=1$，$b=-3$，$c=1$ を代入すると，

$$x=\frac{-(-3)\pm\sqrt{(-3)^2-4\times1\times1}}{2\times1}=\frac{3\pm\sqrt{5}}{2}$$

(8) 解の公式に $a=2$，$b=-8$，$c=7$ を代入すると，

$$x=\frac{-(-8)\pm\sqrt{(-8)^2-4\times2\times7}}{2\times2}$$

$$=\frac{8\pm2\sqrt{2}}{4}=\frac{4\pm\sqrt{2}}{2}$$

(9) まず，式を整理して，(二次式)$=0$ の形に変形し，左辺を因数分解します。

$x^2-x-6=14$ ➡ $x^2-x-20=0$

➡ $(x+4)(x-5)=0$

(10) $x^2-4x-5=3x^2-15$ ➡ $2x^2+4x-10=0$

➡ $x^2+2x-5=0$

解の公式より，

$$x=\frac{-2\pm\sqrt{2^2-4\times1\times(-5)}}{2\times1}=-1\pm\sqrt{6}$$

❸ (1) $x=-3$ を方程式に代入すると，$9-3a-24=0$

これを解いて，$a=-5$

(2) $a=-5$ を，$x^2+ax-24=0$ に代入すると，

$x^2-5x-24=0$

因数分解すると，

$(x+3)(x-8)=0$

$x=-3$，8

したがって，もう 1 つの解は，$x=8$

❹ 連続する 3 つの正の整数を $x-1$，x，$x+1$ とすると，それぞれの 2 乗の和が 365 だから，

$(x-1)^2+x^2+(x+1)^2=365$

これを解いて，$x=\pm11$

$x\geqq2$ だから，$x=11$

よって，3 つの整数は，10，11，12 となります。

❺ 求める正の数を x とすると，

$$2(x+3)=(x+3)^2-63$$

$$2x+6=x^2+6x+9-63$$

$$x^2+4x-60=0$$

$$(x-6)(x+10)=0$$

$$x=6,\ -10$$

$x>0$ だから，$x=6$ となります。

❻ 容器の底面の縦，横の長さは，それぞれ $(x-8)$cm，$(2x-8)$cm で，高さは 4cm だから，その容積は，

$$4(x-8)(2x-8)=768$$

$$x^2-12x-64=0$$

$$(x+4)(x-16)=0$$

$$x=-4,\ 16$$

$x>8$ だから，$x=16$ となります。

❼ (1) 点 P が AB 間を動くことから，$0\leqq2x\leqq12$

すなわち，$0\leqq x\leqq6$

点 Q が BC 間を動くことから，$0\leqq3x\leqq12$

すなわち，$0\leqq x\leqq4$

点 P，Q は 12cm の辺上を動くから，移動の速さが速い Q が，P より早く B に到達するので，x の変域は，$0\leqq x\leqq4$

(2) $\mathrm{PB}=12-2x$，$\mathrm{QB}=12-3x$ だから，△PBQ の面積が 9cm² になるとき，

$$\frac{1}{2}\times(12-3x)\times(12-2x)=9$$

となります。したがって，

$$(12-3x)(6-x)=9$$

$$72-18x-12x+3x^2=9$$

（左辺を展開する。）

$$3x^2-30x+63=0$$

$$(x-3)(x-7)=0$$

$$x=3,\ 7$$

$0\leqq x\leqq4$ だから，$x=3$

▶ 本文 p.25

4章 関数 $y=ax^2$

1節 関数とグラフ

p.25 Step 2

❶ いえる

解き方 (角柱の体積)=(底面積)×(高さ)

だから，$y=\left(\frac{1}{2}\times x\times x\right)\times 10=5x^2$

$y=ax^2$ の形になっているので，y は x の 2 乗に比例しているといえます。

❷ (1) $y=x^2$　(2) $y=6x^2$
(3) $y=2\pi x^2$

解き方 (1) (三角形の面積)$=\frac{1}{2}\times$(底辺)×(高さ)

だから，$y=\frac{1}{2}\times x\times 2x=x^2$

(2) 立方体は 6 つの正方形の面でできているので，
$y=x^2\times 6=6x^2$

(3) (円錐の体積)$=\frac{1}{3}\times$(底面積)×(高さ)だから，

$y=\frac{1}{3}\times\pi x^2\times 6=2\pi x^2$

❸ (1) $y=4x^2$　(2) $y=4$
(3) $x=\pm 3\sqrt{6}$

解き方 (1) y は x の 2 乗に比例するから，$y=ax^2$
$x=4$ のとき $y=64$ であるから，
$64=a\times 4^2$
$a=4$
したがって，$y=4x^2$

(2) y は x の 2 乗に比例するから，$y=ax^2$
$x=6$ のとき $y=9$ であるから，
$9=a\times 6^2$
$a=\frac{1}{4}$
したがって，$y=\frac{1}{4}x^2$
この式に $x=-4$ を代入して，
$y=\frac{1}{4}\times(-4)^2=4$

(3) y は x の 2 乗に比例するから，$y=ax^2$
$x=-3$ のとき $y=-3$ であるから，
$-3=a\times(-3)^2$
$a=-\frac{1}{3}$
したがって，$y=-\frac{1}{3}x^2$
この式に $y=-18$ を代入して，
$-18=-\frac{1}{3}x^2$
$x^2=54$
$x=\pm 3\sqrt{6}$

❹

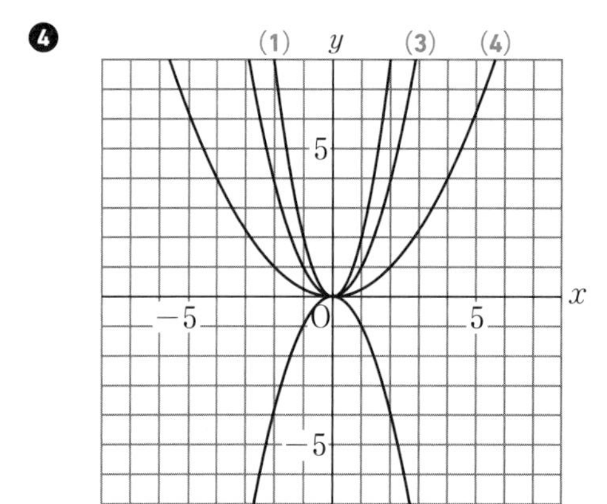

解き方 表などをかき，できるだけ多くの点をとってグラフをかきます。

(1) $y=2x^2$

x	…	-2	-1	0	1	2	…
y	…	8	2	0	2	8	…

(2) $y=-x^2$

x	…	-2	-1	0	1	2	…
y	…	-4	-1	0	-1	-4	…

(3) $y=x^2$

x	…	-2	-1	0	1	2	…
y	…	4	1	0	1	4	…

(4) $y=\frac{1}{4}x^2$

x	…	-4	-2	0	2	4	…
y	…	4	1	0	1	4	…

2節 関数 $y=ax^2$ の値の変化

3節 いろいろな事象と関数

p.27-29 **Step 2**

❶

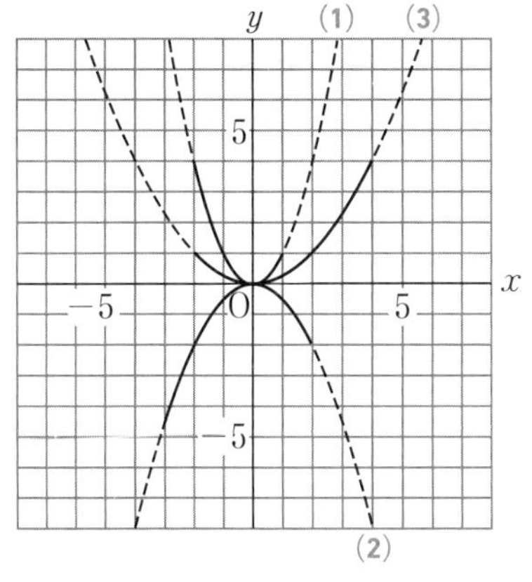

解き方 表などをかき，できるだけ多くの点をとってグラフをかきます。また，グラフは，変域にふくまれる部分は実線で，ふくまれない部分は破線でかきます。

❷ (1) $0 \leqq y \leqq 8$　　(2) $0 \leqq y \leqq 4$

(3) $-9 \leqq y \leqq -1$

解き方 グラフをかいて，x の変域がどのようになるかを確認し，y の変域を考えます。

(1) $x=-1$ のとき $y=2$，$x=2$ のとき $y=8$ より，$-1 \leqq x \leqq 2$ に対応する部分は，右の図の色の線の部分だから，求める y の変域は，$0 \leqq y \leqq 8$

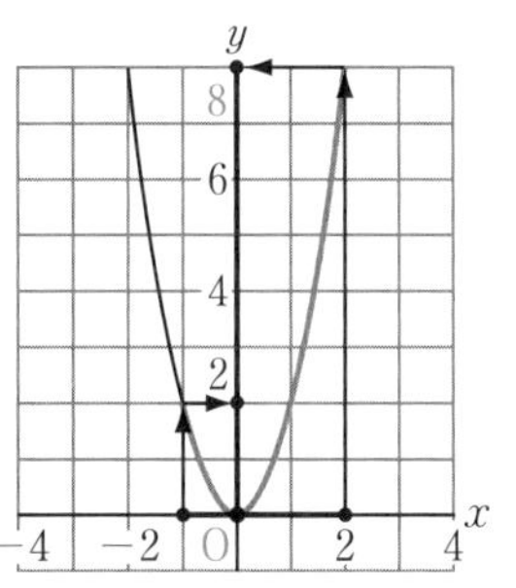

(2) $x=-4$ のとき $y=4$，$x=3$ のとき $y=\dfrac{9}{4}$ より，$-4 \leqq x \leqq 3$ に対応する部分は，右の図の色の線の部分だから，求める y の変域は，$0 \leqq y \leqq 4$

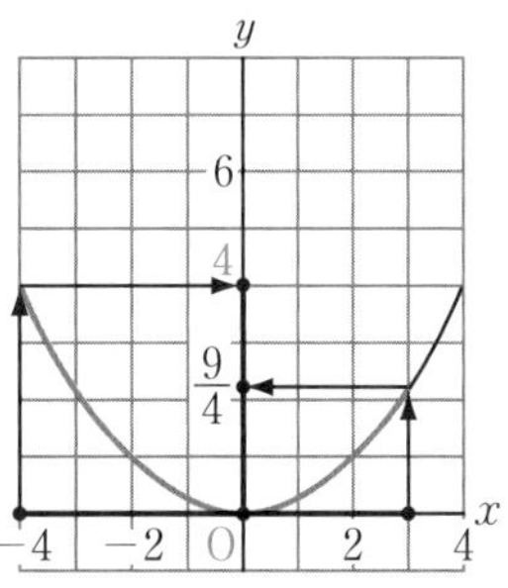

(3) $x=-3$ のとき $y=-9$，$x=-1$ のとき $y=-1$ より，$-3 \leqq x \leqq -1$ に対応する部分は，右の図の色の線の部分だから，求める y の変域は，$-9 \leqq y \leqq -1$

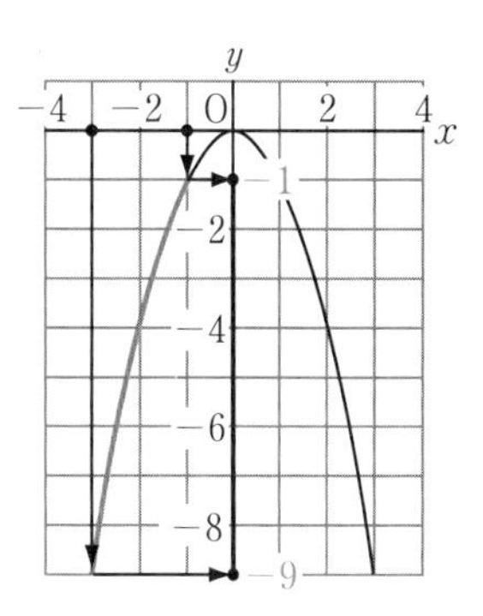

❸ (1) 4　　(2) 10　　(3) $y=x^2$

解き方 (1) x の増加量は，$5-3=2$

y の増加量は，$\dfrac{1}{2}\times5^2-\dfrac{1}{2}\times3^2=8$

よって，変化の割合は，$\dfrac{8}{2}=4$

(2) x の増加量は，$-1-(-4)=3$

y の増加量は，$-2\times(-1)^2-\{-2\times(-4)^2\}=30$

よって，変化の割合は，$\dfrac{30}{3}=10$

(3) $y=ax^2$ とすると，

x の増加量は，$5-1=4$

y の増加量は，$a\times5^2-a\times1^2=24a$

よって，変化の割合は，$\dfrac{24a}{4}=6a$

これが 6 に等しいから，$6a=6$，$a=1$

❹ (1) ① 16　　② -8

(2) ① -2　　② 4

解き方 (1) ① $\dfrac{2\times6^2-2\times2^2}{6-2}=\dfrac{72-8}{4}$

$=16$

② $\dfrac{2\times(-1)^2-2\times(-3)^2}{-1-(-3)}=\dfrac{2-18}{2}$

$=-8$

(2) ① $\dfrac{-\dfrac{1}{2}\times3^2-\left(-\dfrac{1}{2}\times1^2\right)}{3-1}=\dfrac{-\dfrac{9}{2}+\dfrac{1}{2}}{2}$

$=-2$

② $\dfrac{-\dfrac{1}{2}\times(-3)^2-\left\{-\dfrac{1}{2}\times(-5)^2\right\}}{-3-(-5)}=\dfrac{-\dfrac{9}{2}+\dfrac{25}{2}}{2}$

$=4$

❺ (1) $y=2x^2$　　(2) 秒速 8 m

解き方 (1) y は x の 2 乗に比例するので，$y=ax^2$ とします。4 秒間に 32 m ころがるので，$x=4$ のとき $y=32$ となります。よって，この値を代入すると，$32=a\times4^2$ より，$a=2$

(2) (1) より，$x=1$ のとき $y=2$，$x=3$ のとき $y=18$
よって，1 秒後から 3 秒後までの 2 秒間で 16 m ころがるので，平均の速さは，秒速 $16\div2=8$ (m) です。

❻ (1) $y=\frac{1}{2}x^2$

(2) x の変域 $0\leqq x\leqq6$，y の変域 $0\leqq y\leqq18$

(3) $x=3\sqrt{2}$

解き方 (1) △APQ は，AP＝PQ＝x cm の直角二等辺三角形だから，

$y=\frac{1}{2}\times x\times x=\frac{1}{2}x^2$

(2) $x=0$ のとき y の値は最小で，$y=0$

$x=6$ のとき y の値は最大で，$y=\frac{1}{2}\times6^2=18$

よって，y の変域は，$0\leqq y\leqq18$

(3) (台形 PBCQ)＝△ABC－△APQ

$=18-\frac{1}{2}x^2$

△APQ＝台形 PBCQ だから，

$\frac{1}{2}x^2=18-\frac{1}{2}x^2$

$x^2=18$

$x=\pm3\sqrt{2}$

$0\leqq x\leqq6$ だから，$x=3\sqrt{2}$

❼ (1) $y=0.05x^2$　(2) 1.8 m　　(3) 秒速 3 m

解き方 (1) $y=ax^2$ とおくと，$x=4$ のとき，$y=0.8$ だから，$0.8=a\times4^2$

これより，$a=0.05$

よって，$y=0.05x^2$

(2) $x=6$ を代入して，

$y=0.05\times6^2=1.8$

(3) $y=0.45$ を代入して，

$0.05x^2=0.45$

$5x^2=45$

$x^2=9$

$x=\pm3$ より，$x>0$ だから $x=3$

❽ (1) 2.49 のとき 2，3.53 のとき 4

(2) (右の図)

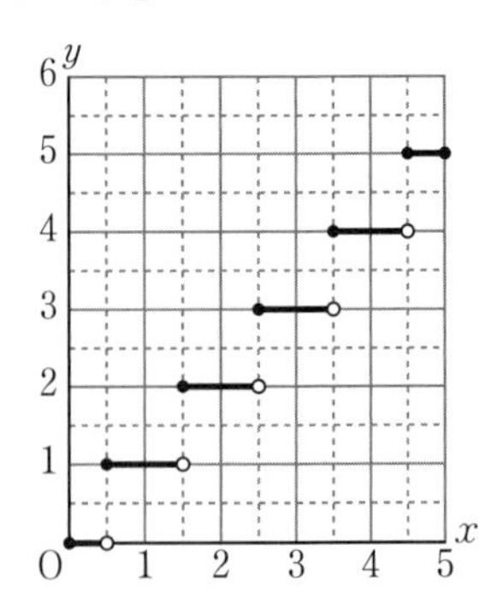

解き方 (2) $0\leqq x<0.5$ のとき $y=0$

$0.5\leqq x<1.5$ のとき $y=1$，$1.5\leqq x<2.5$ のとき $y=2$

$2.5\leqq x<3.5$ のとき $y=3$，$3.5\leqq x<4.5$ のとき $y=4$

$4.5\leqq x\leqq5$ のとき $y=5$

注意グラフで，端の点をふくむ場合は●，ふくまない場合は○を使って表します。

❾ (1) 650 円

(2) $y=500$，650，800，950，1100

(3) $4<x\leqq5$

解き方 (2) 下のグラフより，

$0<x\leqq2$ のとき
$y=500$
$2<x\leqq3$ のとき
$y=650$
$3<x\leqq4$ のとき
$y=800$
$4<x\leqq5$ のとき
$y=950$
$5<x\leqq6$ のとき
$y=1100$

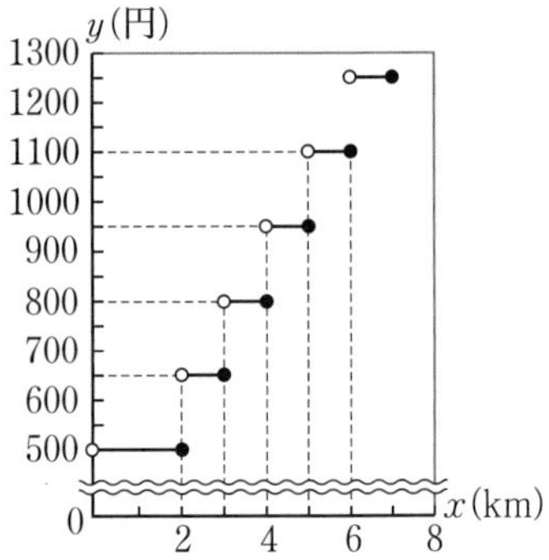

(3) (2) のグラフより，950 円では，4 km をこえて 5 km まで走ることができます。よって，x の範囲は，$4<x\leqq5$ です。

p.30-31 Step 3

❶ (1) $y=\frac{3}{2}x^2$ (2) $0 \leqq y \leqq 16$ (3) -12

❷ (1) ㋐, ㋒, ㋕ (2) ㋕ (3) ㋑, ㋓, ㋔
(4) ㋐と㋔

❸ (1) $-4 \leqq y \leqq 0$ (2) $a=4$
(3) ①35 ②-40 ③25

❹ (1) $a=\frac{1}{4}$ (2) ①-1 ②$\frac{3}{2}$

❺ (1) 20 m (2) 4 秒 (3) 秒速 40 m

❻ (1) $y=\frac{1}{2}x^2$ (2) $x=2\sqrt{2}$ (3) $y=8$

❼ (1) $y=2x+3$ (2) 6 (3) $y=5x$

解き方

❶ (1) y は x の 2 乗に比例するから，$y=ax^2$
$x=2$ のとき $y=6$ であるから，
$6=a\times 2^2$，$a=\frac{3}{2}$
したがって，$y=\frac{3}{2}x^2$
(2) $x=-2$ のとき $y=4$，$x=4$ のとき $y=16$ だから，
$y=x^2$ のグラフは，次の図のようになります。

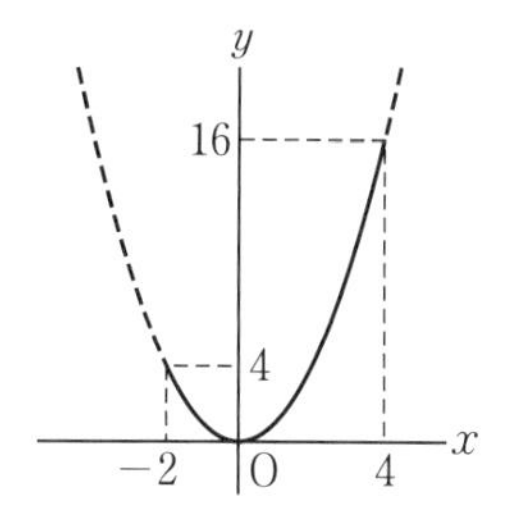

$-2 \leqq x \leqq 4$ に対応する部分は，図の実線部分だから，求める y の変域は，$0 \leqq y \leqq 16$
(3) x の増加量は，$(-1)-(-3)=2$
y の増加量は，$3\times(-1)^2-3\times(-3)^2=-24$
よって，変化の割合は，$\frac{-24}{2}=-12$

❷ (1) $y=ax^2$ で，グラフが上に開くのは，$a>0$ のときです。
よって，㋐，㋒，㋕です。
(2) $y=ax^2$ で，グラフの開き方がもっとも大きくなるのは，a の絶対値がもっとも小さいものです。
よって，㋕です。
(3) $y=ax^2$ で，$x \leqq 0$ の範囲で，x の値が増加すると y の値も増加するのは $a<0$ のときです。
よって，㋑，㋓，㋔です。
(4) 2 つのグラフが x 軸について対称になるのは，
$y=ax^2$ と $y=-ax^2$ です。
よって，㋐と㋔です。

❸ (1) $x=-4$ のとき $y=-4$，$x=2$ のとき $y=-1$ だから，$y=-\frac{1}{4}x^2$ のグラフは，次の図のようになります。

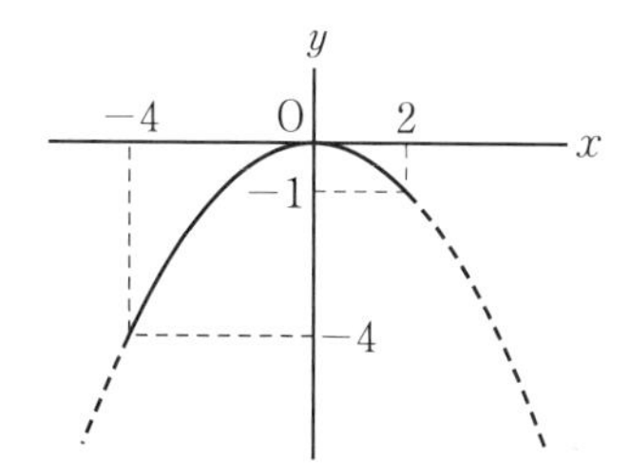

$-4 \leqq x \leqq 2$ に対応する部分は，図の実線部分だから，求める y の変域は，$-4 \leqq y \leqq 0$
(2) $a>0$ なので，$1 \leqq x \leqq 3$ の変域で y は増加する。
したがって，$x=1$ のとき，$y=4$ だから，
$4=a\times 1^2$ より，$a=4$
(3) ① $\frac{5\times 6^2-5\times 1^2}{6-1}=\frac{180-5}{5}$
$=\frac{175}{5}$
$=35$
② $\frac{5\times(-3)^2-5\times(-5)^2}{(-3)-(-5)}=\frac{45-125}{2}$
$=-40$
③ $\frac{5\times 3^2-5\times 2^2}{3-2}=45-20$
$=25$

❹ (1) $x=2$ のとき $y=1$ だから，$y=ax^2$ に代入して，
$1=a\times 2^2$，$a=\frac{1}{4}$
(2) ① $\frac{\frac{1}{4}\times(-1)^2-\frac{1}{4}\times(-3)^2}{-1-(-3)}=\frac{\frac{1}{4}\times(1-9)}{2}$
$=-1$
② $\frac{\frac{1}{4}\times 4^2-\frac{1}{4}\times 2^2}{4-2}=\frac{\frac{1}{4}\times(16-4)}{2}$
$=\frac{3}{2}$

▶ 本文 p.31

5 (1) 物体を落としてから地面に落ちたのが 2 秒後なので，$y=5x^2$ に $x=2$ を代入して，

$y=5\times2^2=20$ (m)

(2) 80 m の高さから落とすので，$y=80$ を代入して，

$80=5x^2$，$x^2=16$

よって，$x=\pm4$

$x>0$ より，$x=4$(秒)

(3) $x=3$ のとき $y=45$，$x=5$ のとき $y=125$

よって，2 秒間で 80 m 落下しているので，平均の速さは $80\div2=40$ となり，秒速 40 m となります。

6 (1)

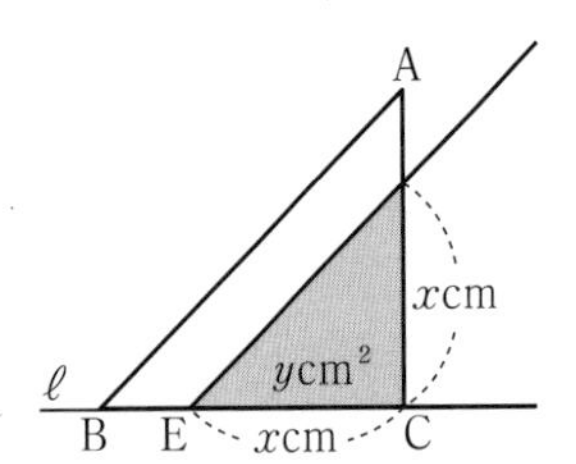

重なった部分の図形は，直角をはさむ 2 辺が x cm の直角二等辺三角形になるから，

$y=\frac{1}{2}x^2$

(2) △ABC の面積の半分は，

$\left(\frac{1}{2}\times4\times4\right)\times\frac{1}{2}=4$ (cm^2)

だから，

$\frac{1}{2}x^2=4$

$x^2=8$

$x=\pm2\sqrt{2}$

$x>0$ だから，$x=2\sqrt{2}$

(3)

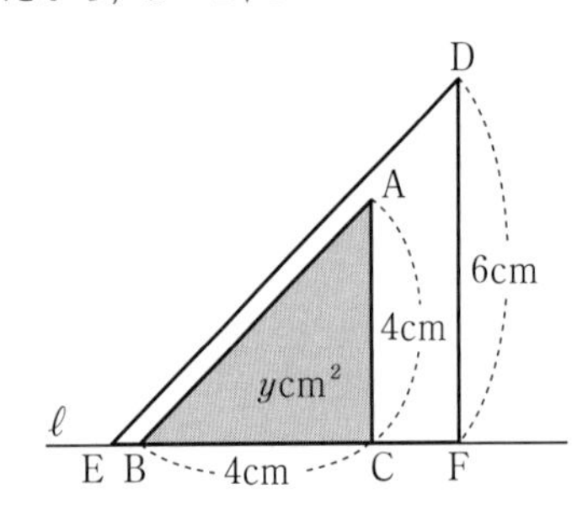

$4\leqq x\leqq6$ のとき，△ABC はすべて △DEF の中にふくまれてしまうから，

$y=$△ABC$=8$

7 (1) 点 A の x 座標が -1 だから，y 座標は 1

また，点 B の x 座標が 3 だから，y 座標は 9

よって，点 A，B の座標はそれぞれ A$(-1,\ 1)$，B$(3,\ 9)$ となります。この 2 点を通る直線の傾きは

$\frac{9-1}{3-(-1)}=2$

だから，

$y=2x+b$ に $x=-1$，$y=1$ を代入して，

$1=-2+b$ より，$b=3$

よって，$y=2x+3$ となります。

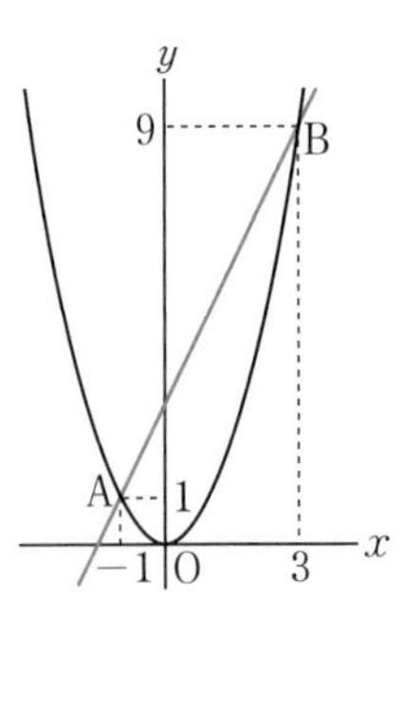

(2) 直線 AB と y 軸との交点を C とすると，C$(0,\ 3)$ より，

$$\triangle AOB=\triangle AOC+\triangle BOC=\frac{1}{2}\times3\times1+\frac{1}{2}\times3\times3=6$$

(3) 原点 O を通り，△AOB の面積を 2 等分する直線は，線分 AB の中点を通ります。

A$(-1,\ 1)$，B$(3,\ 9)$ なので，線分 AB の中点の座標は，

$(1,\ 5)$ となります。

よって，△AOB の面積を 2 等分する直線は，

O$(0,\ 0)$ と $(1,\ 5)$ を通るので，$y=5x$ となります。

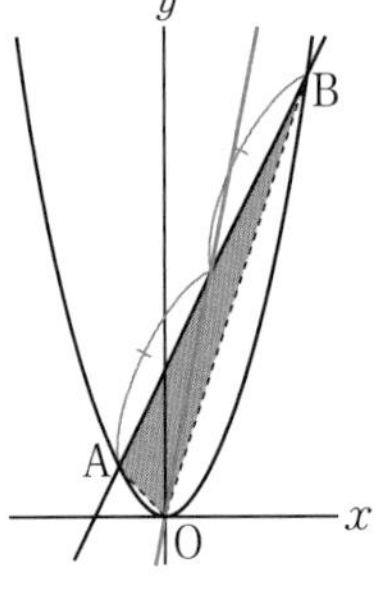

5章 図形と相似

1節 図形と相似

p.33-34 Step 2

❶ (1) 3：2

(2) CD＝4.5 cm，EF＝3.6 cm

(3) ∠B＝85°，∠C＝60°

解き方 (1) 四角形ABCD∽四角形EFGHで，対応する辺の比は等しいから，

BC：FG＝6：4＝3：2

(2) 四角形ABCD∽四角形EFGHだから，

CD＝x cm，EF＝y cmとすると，(1)より，

CD：GH＝3：2

x：3＝3：2

これより，$2x=9$，$x=4.5$

同様にして，

AB：EF＝5.4：y＝3：2

これより，$3y=10.8$，$y=3.6$

(3) 四角形ABCD∽四角形EFGHだから，

∠A＝∠E，∠B＝∠F，∠C＝∠G，∠D＝∠Hより，

∠C＝∠G＝60°

∠B＝∠F＝360°－(∠E＋∠D＋∠G)

＝360°－(75°＋140°＋60°)＝85°

❷ 相似な三角形㋐と㋕，相似条件③

相似な三角形㋑と㋖，相似条件①

相似な三角形㋒と㋓，相似条件②

解き方 裏返すと相似に気づく場合もあります。

・㋐の三角形で，残りの内角の大きさは，

180°－(50°＋70°)＝60°

2組の角が，それぞれ等しいから，

㋐と㋕は相似です。(㋕の三角形で，残りの内角の大きさを求めてもよいです。)

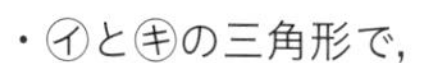

・㋑と㋖の三角形で，

15：7.5＝2：1，12：6＝2：1

10：5＝2：1

3組の辺の比が，すべて等しいから，㋑と㋖は相似です。

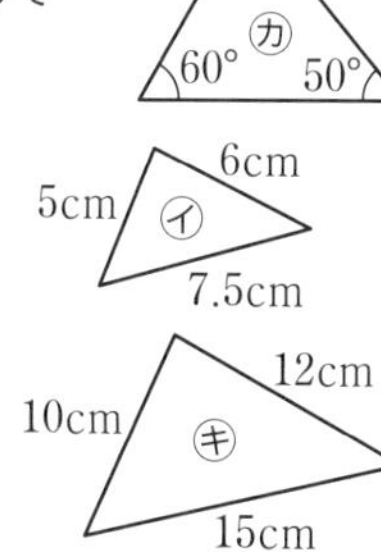

・㋒と㋓の三角形で，

8：6＝4：3，12：9＝4：3

2組の辺の比とその間の角が，それぞれ等しいから，

㋒と㋓は相似です。

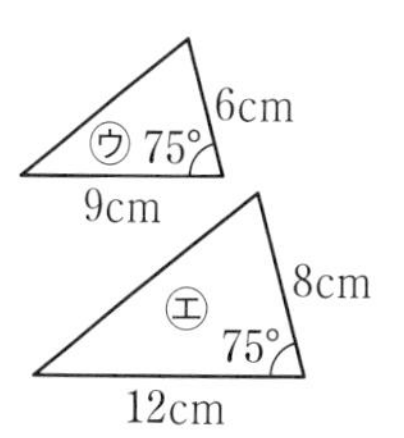

❸ (1) 6　(2) 4.5

解き方 (1) 2組の角が，それぞれ等しいことから，

△ABC∽△ADE

AB：AD＝8：4＝2：1

AC：AE＝(4＋x)：5

よって，2：1＝(4＋x)：5　これを解いて，$x=6$

(2) 2組の辺の比とその間の角が，それぞれ等しいことから，△ABC∽△DBA

AB：DB＝6：4＝3：2

AC：DA＝x：3

よって，3：2＝x：3　これを解いて，$x=4.5$

❹ BC 20 cm　CD 7.2 cm

解き方 △ABC∽△DBA

より，

BC：BA＝AC：DA

BC：16＝12：9.6

$$BC=\frac{16\times12}{9.6}$$

＝20 (cm)

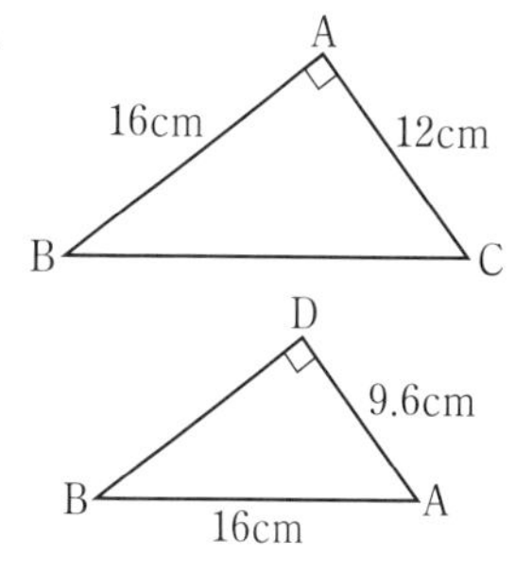

△ABC∽△DACより，

CA：CD＝AB：DA

12：CD＝16：9.6

$$CD=\frac{12\times9.6}{16}$$

＝7.2 (cm)

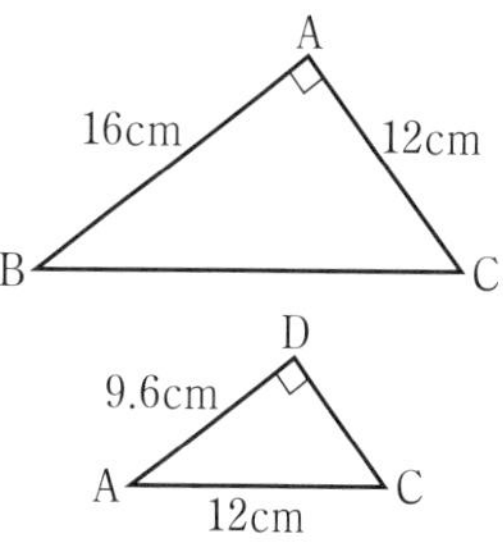

❺ (1) (例) △ABCと△AEDで，

AB：AE＝20：10＝2：1 ……①

AC：AD＝16：8＝2：1 ……②

∠Aは共通 ……③

①，②，③より，2組の辺の比とその間の角が，それぞれ等しいから，△ABC∽△AED

(2) 6 cm

解き方 相似な三角形を取り出し，向きをそろえます。

(1) 1 つの角が共通であることから，その角をはさむ辺について比をとることを考えます。

(2) (1) の証明の中でわかった相似比を使います。

ED$=x$cm とすると，

BC：ED＝2：1

12：x＝2：1

$$x=\frac{12\times1}{2}=6\,(\text{cm})$$

❻ (例) △ABD と △AEF で，

∠ABD＝∠AEF＝60° ……①

また，∠BAD＝∠BAC－∠DAC

＝60° －∠DAC

∠EAF＝∠DAE－∠DAC

＝60° －∠DAC

よって，∠BAD＝∠EAF ……②

①，②から，2 組の角が，それぞれ等しいので，

△ABD∽△AEF

解き方 2 つの三角形は，どちらも正三角形の内角を 1 つもつから，1 組の角が等しいことがわかります。等しくなる角がもう 1 組ないかと考えて，∠DAC と正三角形の角に着目します。

❼ (例) △FAB と △EDB で，

仮定より，∠FBA＝∠EBD ……①

また，∠FAB＝∠EDB＝90° ……②

①，②から，2 組の角が，それぞれ等しいので，

△FAB∽△EDB

相似な図形では，対応する辺の比は等しいので，

BF：BE＝BA：BD

解き方 証明する辺の比が BF：BE＝BA：BD だから，それらを辺にもつ 2 つの三角形に着目します。

BF が ∠B の二等分線であることから，

∠FBA＝∠EBD

仮定から，

∠FAB＝∠EDB＝90°なので，

△FAB∽△EDB とわかります。

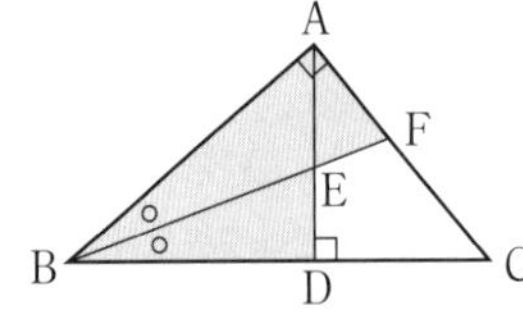

2 節 平行線と線分の比

p.36-37 **Step 2**

❶ (1) 同位角 (2) ∠RQC

(3) 2 組の角が，それぞれ等しい

(4) QC (5) PB

解き方 平行線がひかれているので，同位角や錯角を考えます。

また，平行四辺形の性質の 1 つである「平行四辺形の 2 組の向かいあう辺は，それぞれ等しい」を使います。

❷ (1) $x=3$，$y=10.2$ (2) $x=9$，$y=14$

解き方 平行線と線分の比の定理を使って求めます。

(1) PQ∥BC だから，

AP：PB＝AQ：QC

8：4＝6：x

$8x=24$

$x=3$

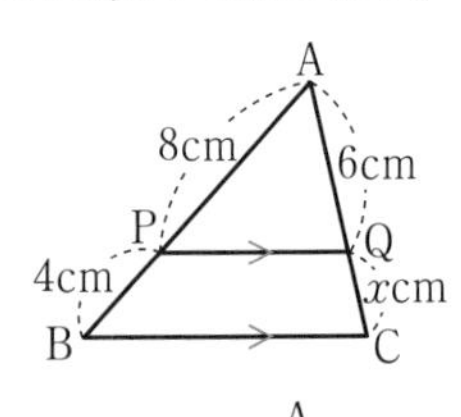

AP：AB＝PQ：BC

8：(8＋4)＝6.8：y

$8y=81.6$

$y=10.2$

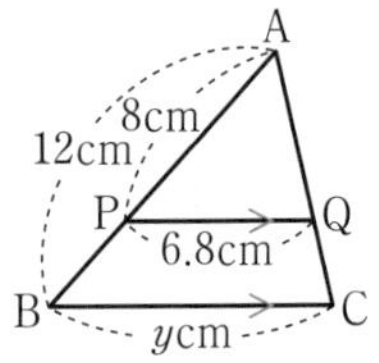

A
12cm
8cm
P
Q
6.8cm
B
$y$cm
C

(2) PQ∥BC だから，

AP：AC＝AQ：AB

6：8＝x：12

$8x=72$

$x=9$

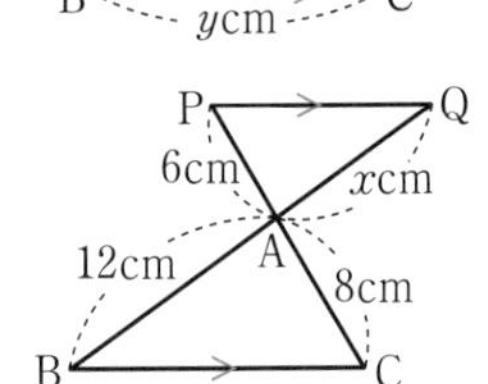

AP：AC＝PQ：CB

6：8＝10.5：y

$6y=84$

$y=14$

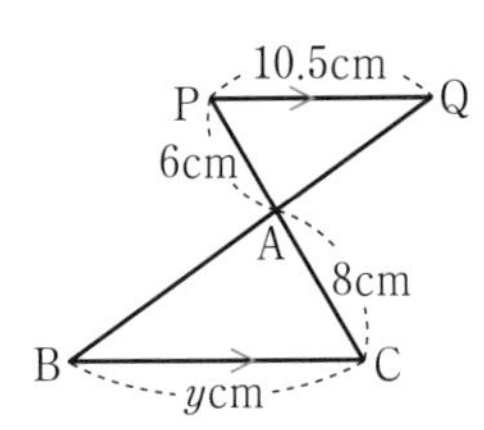

❸ (1) 12.8　　(2) 6

解き方 平行線にはさまれた線分の比の定理を使って求めます。

(1) $\ell \parallel m \parallel n$ より,

$8 : x = 10 : 16$

$10x = 128$

$x = 12.8$

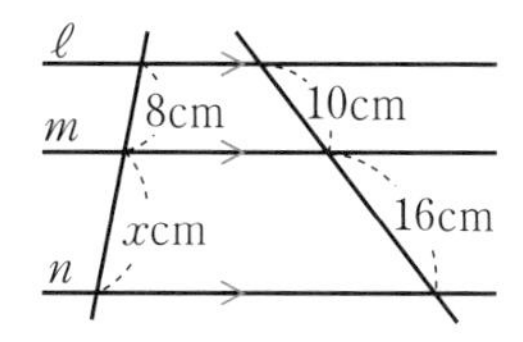

(2) 右の図のように直線を移動させると,

$\ell \parallel m \parallel n$ より,

$12 : x = 14 : 7$

$14x = 84$

$x = 6$

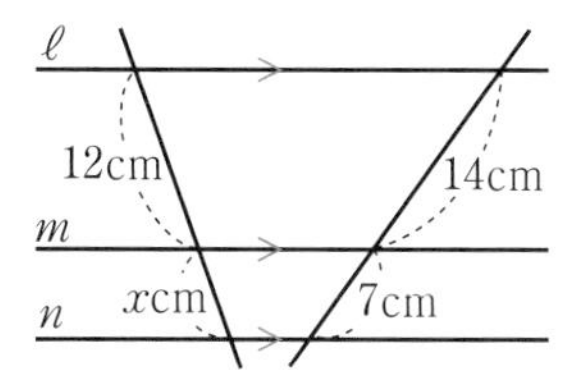

❹ (1) 4　　(2) 8

解き方 AB：AC＝BD：DC であることを使って, 比例式をつくります。

(1) $8 : 10 = x : 5$

$10x = 40$

$x = 4$

(2) $18 : 12 = (20 - x) : x$

$18x = 12(20 - x)$

$30x = 240$

$x = 8$

❺ (1) RQ と AB　　(2) AB と EF

解き方 平行になる可能性のある 2 本の直線について, 平行線と比の関係が成り立つかを調べます。

(1) PR と BC について,

AP：PB＝7.4：10＝37：50

AR：RC＝7.2：6＝6：5

したがって, PR と BC は平行ではありません。

PQ と AC について,

BP：PA＝10：7.4＝50：37

BQ：QC＝9.6：8＝6：5

したがって, PQ と AC は平行ではありません。

❻

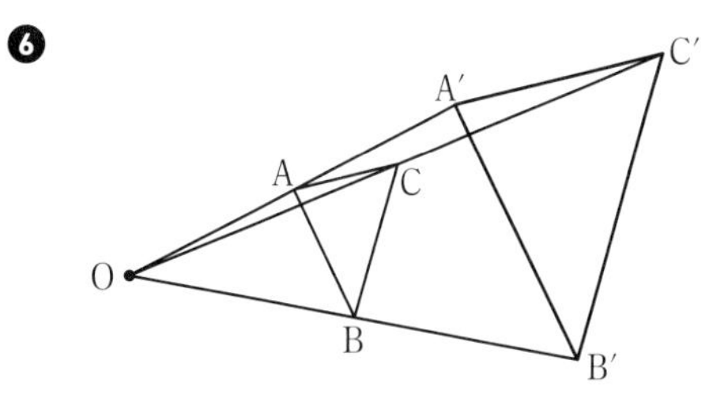

解き方 点 O から △ABC の各頂点を通る直線 OA, OB, OC をひき, それぞれの直線上に OA′＝2OA, OB′＝2OB, OC′＝2OC となるような 3 点 A′, B′, C′ をとって, △A′B′C′ をかきます。

❼ 14 cm

解き方 A と C を結び, AC と MN との交点を P とすると, AM：MB＝AP：PC＝DN：NC＝1：1 となります。

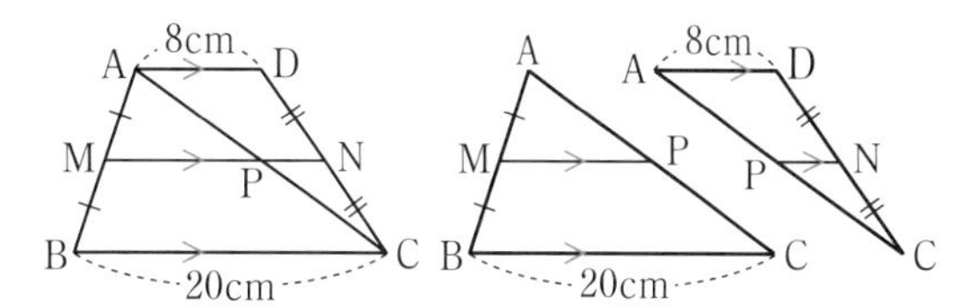

△ABC において, 中点連結定理より,

$\mathrm{MP} = \dfrac{1}{2}\mathrm{BC} = 10\,(\mathrm{cm})$

同じように, △CDA において, 中点連結定理より,

$\mathrm{PN} = \dfrac{1}{2}\mathrm{AD} = 4\,(\mathrm{cm})$

よって, MN＝MP＋PN＝14 (cm)

❽ 平行四辺形

解き方 △ABC で, 点 P, S はそれぞれ, 辺 AB, 辺 AC の中点だから, 中点連結定理より,

$\mathrm{PS} \parallel \mathrm{BC},\ \mathrm{PS} = \dfrac{1}{2}\mathrm{BC}$ ……①

同じように, △DBC で,

$\mathrm{RQ} \parallel \mathrm{BC},\ \mathrm{RQ} = \dfrac{1}{2}\mathrm{BC}$ ……②

①, ② から, PS∥RQ, PS＝RQ

1 組の向かいあう辺が, 等しくて平行であるので, 四角形 PRQS は平行四辺形である。

参考 平行四辺形になるための条件

❶ 2 組の向かいあう辺が, それぞれ平行であるとき

❷ 2 組の向かいあう辺が, それぞれ等しいとき

❸ 2 組の向かいあう角が, それぞれ等しいとき

❹ 対角線が, それぞれの中点で交わるとき

❺ 1 組の向かいあう辺が, 等しくて平行であるとき

3節 相似な図形の計量　4節 相似の利用

p.39 Step 2

❶ (1) 4：5

(2) 面積の比 16：25，△DEF $125\,cm^2$

解き方 (1) △ABC∽△DEF より，対応する辺の比を求めます。

BC：EF＝16：20＝4：5

(2) 面積の比は，$4^2 : 5^2 = 16 : 25$

△DEF の面積を $x\,cm^2$ とすると，

$80 : x = 16 : 25$

$16x = 2000$

$x = 125$

したがって，$△DEF = 125\,cm^2$

❷ (1) 4：5　(2) $256\,cm^3$

解き方 (1) 表面積の比が 16：25 だから，相似比は，

$\sqrt{16} : \sqrt{25} = 4 : 5$

(2) ㋐と㋑の体積比は，$4^3 : 5^3 = 64 : 125$

㋐の体積を $x\,cm^3$ とすると，

$x : 500 = 64 : 125$

$125x = 32000$

$x = 256$

❸ (1) 1：9　(2) 1：26

解き方 (1) 円錐㋐の高さは，24－16＝8(cm)

2つの円錐の高さの比が相似比になるから，

8：24＝1：3

表面積の比は，相似比の2乗だから，$1^2 : 3^2 = 1 : 9$

(2) ㋐と，もとの円錐の体積の比は，$1^3 : 3^3 = 1 : 27$

したがって，㋐：㋑＝1：(27－1)＝1：26

❹ 約 12.9m

解き方 木の高さを x m とすると，2つの三角形は相似だから，

$(x-1.5) : 14.3 = 8 : 10$

$$x - 1.5 = \frac{14.3 \times 8}{10} = 11.44$$

$x = 12.94$ ➡ 12.9m

p.40-41 Step 3

❶ (1) △AFE，△DBF

(2) 相似な三角形 △OAD∽△OCB

相似条件 2組の辺の比とその間の角が，それぞれ等しい。

❷ (1) (例) △ABD と △CAD で，

∠ABC＋∠ACB＝90°，∠CAD＋∠ACD＝90°

より，∠ABD＝∠CAD ……①

また，∠ADB＝∠CDA＝90° ……②

①，②から，2組の角が，それぞれ等しいので，

△ABD∽△CAD

(2) 16cm　(3) $4x$ cm　(4) 15cm

❸ (1) 5　(2) 4.8　(3) 11

❹ (1) 12m　(2) 16m

❺ (1) 1：1　(2) 6cm

❻ (1) 5：3　(2) 12cm　(3) 4.8cm

❼ (1) 3：5　(2) $72\,cm^2$　(3) 27：98

解き方

❶ (1) 三角形の内角をすべて書き入れると，次の図のようになります。

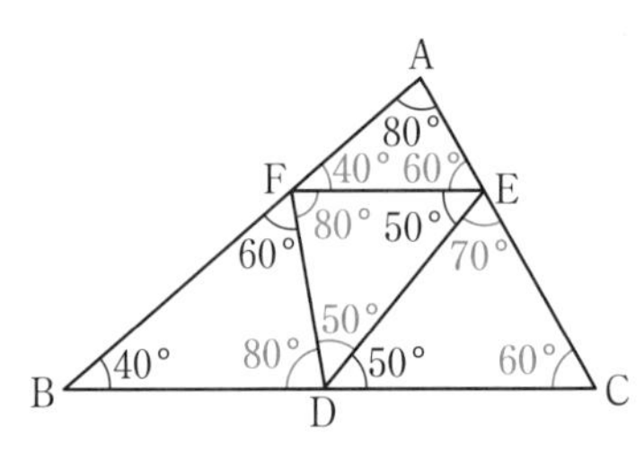

△ABC と同じ内角をもつのは △AFE と △DBF です。△DBF は頂点の対応関係(どの頂点と対応しているか)に注意して順番を正しく書きます。

(2) OA：OC＝4.5：6＝3：4

OD：OB＝6：8＝3：4

対頂角は等しいから，∠AOD＝∠COB

2組の辺の比とその間の角がそれぞれ等しいから，

△OAD∽△OCB

❷ (1) 2つの三角形は，どちらも直角三角形なので，1組の角が等しいことがわかります。等しくなる角がもう1組ないかと考えて，残りの2組の角を観察します。直接，等しいことがいえないので，和が90°になることに着目します。

(2) △ABD∽△CAD が使えます。対応する辺の比は等しいから，

AD：CD＝BD：AD より，

12：9＝BD：12

よって，BD＝16cm

(3) AB：CA＝AD：CD より，

AB：$3x$＝12：9＝4：3

これを解き，AB＝$4x$ cm

(4) △ABC の面積は，AC を底辺，AB を高さと考えると，$3x\times4x\times\frac{1}{2}=6x^2$

また，BC を底辺，AD を高さと考えると，

$(16+9)\times12\times\frac{1}{2}=150$

したがって，

$6x^2=150$

$x^2=25$

$x=\pm5$

$x>0$ より，$x=5$ だから，AC＝3×5＝15(cm)

❸ (1) PQ∥BC より，△ABC∽△APQ であるから，

AB：AP＝BC：PQ

$(10+x)$：10＝18：12＝3：2

$2(10+x)=30$

$x=5$

(2) 10：6＝8：x より，

$10x=48$

$x=4.8$

(3) △ABC∽△AED

より，

AB：AE＝AC：AD

10：4＝$(4+x)$：6

$4(4+x)=60$

$x=11$

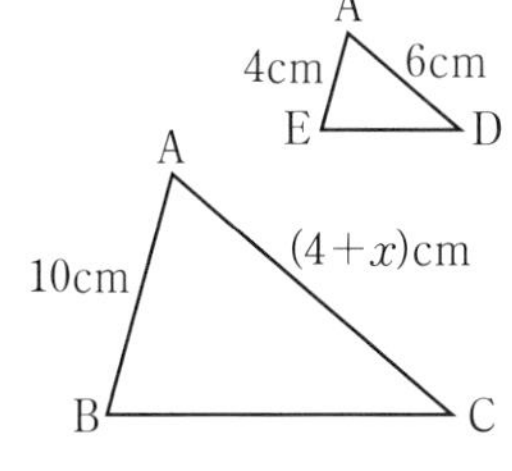

❹ (1) 木の高さを x m とすると，

x：1.5＝14.4：1.8

$1.8x=21.6$

$x=12$

(2) 木の影の長さを y m とすると，

12：1.5＝y：2

$1.5y=24$

$y=16$

❺ (1) 四角形 MBND は平行四辺形より，MD∥BN だから，AP：PQ＝AM：MB

AM＝MB だから，AP：PQ＝1：1

(2) (1) と同じようにして，CQ：QP＝1：1 が成り立つから，AP：PQ：QC＝1：1：1

したがって，CQ＝$18\times\frac{1}{3}=6$(cm)

❻ (1) AB∥DC より，△PAB∽△PCD になるから，

PA：PC＝AB：CD＝8：12＝2：3

AC：PC＝(2＋3)：3＝5：3

(2) BC：QC＝AC：PC だから，

20：QC＝5：3 より，QC＝12cm

(3) PQ：AB＝CP：CA より，

PQ：8＝3：5 より，PQ＝4.8cm

❼ (1) OP：PA＝3：2 より，

OP：OA＝3：(3＋2)＝3：5

(2) △PQR∽△ABC で，面積の比は相似比の 2 乗になるから，△PQR の面積を x cm^2 とすると，

x：200＝3^2：5^2 より，

$25x=1800$

よって，$x=72$

(3) 三角錐 OPQR と三角錐 OABC の体積の比は，

3^3：5^3＝27：125

よって，

㋐：㋑＝27：(125－27)＝27：98

▶ 本文 p.43-44

6章 円の性質

1節 円周角と中心角　2節 円の性質の利用

p.43-45 Step 2

❶ (1) $\angle \mathrm{OAP}$　(2) $\angle \mathrm{OPA}$　(3) $\angle \mathrm{OAP}$
(4) $\angle a+\angle b$　(5) $\angle b$　(6) $\angle a$

解き方 (1)は「二等辺三角形の底角は等しい」，(2)は $\angle \mathrm{OAP}$，(3)は $\angle \mathrm{OPA}$ としてもよいです。

❷ (1) $\angle x=40°$　$\angle y=80°$
(2) $\angle x=130°$
(3) $\angle x=90°$　$\angle y=40°$

解き方 (1) $\overset{\frown}{\mathrm{AB}}$ に対する円周角は等しいから，
$\angle \mathrm{APB}=\angle \mathrm{AQB}=40°$ より，$\angle x=40°$
円周角は中心角の半分だから，
$\angle \mathrm{APB}=\dfrac{1}{2}\angle \mathrm{AOB}$
よって，
$\angle \mathrm{AOB}=2\angle \mathrm{APB}=80°$ より，$\angle y=80°$
(2) 円周角 $\angle \mathrm{APB}$ に対する中心角の大きさは，
$360°-100°=260°$
したがって，
$\angle x=260°\times\dfrac{1}{2}=130°$
(3) 半円の弧に対する円周角は $90°$ だから，
$\angle x=90°$
三角形の内角の和は $180°$ だから，
$\angle y+90°+50°=180°$ より，$\angle y=40°$

❸ (1) 27°　(2) 32°　(3) 36°

解き方 1つの円で，等しい弧に対する円周角の大きさは等しくなります。また，2倍，3倍，…の長さの弧に対する円周角の大きさは，それぞれ2倍，3倍，…になります。
(1) $\overset{\frown}{\mathrm{AB}}$ に対する円周角と，$\overset{\frown}{\mathrm{CD}}$ に対する円周角は等しいので，
$\angle x=27°$
(2) $\overset{\frown}{\mathrm{AB}}$ に対する円周角は，$\overset{\frown}{\mathrm{BC}}$ に対する円周角の2倍になるので，
$\angle x=16°\times2=32°$
(3) $\overset{\frown}{\mathrm{DC}}$ に対する円周角だから，
$\angle \mathrm{DBC}=\angle \mathrm{DAC}=18°$
BCは円Oの直径だから，
$\angle \mathrm{BCD}=180°-(18°+90°)$
$=72°$
$\overset{\frown}{\mathrm{AB}}=\overset{\frown}{\mathrm{AD}}$ より，
$\angle \mathrm{BCA}=\angle \mathrm{ACD}$
よって，
$\angle \mathrm{BCA}=72°\div2$
$=36°$
$\overset{\frown}{\mathrm{AB}}$ に対する円周角だから，
$\angle x=\angle \mathrm{BCA}=36°$

❹ (1) $\angle \mathrm{ADB}$，$\angle \mathrm{CAD}$，$\angle \mathrm{CBD}$
(2) (例)仮定より，$\overset{\frown}{\mathrm{AB}}=\overset{\frown}{\mathrm{CD}}$
弧と円周角の定理より，$\angle \mathrm{ACB}=\angle \mathrm{DBC}$
よって，錯角が等しいから，$\mathrm{AC}\mathbin{/\!/}\mathrm{BD}$

解き方 (1) $\overset{\frown}{\mathrm{AB}}$ に対する円周角の大きさは一定だから，
$\angle \mathrm{ACB}=\angle \mathrm{ADB}$
また，等しい弧に対する円周角は等しいから，
$\angle \mathrm{ACB}=\angle \mathrm{CAD}=\angle \mathrm{CBD}$

❺ ㋐，㋑

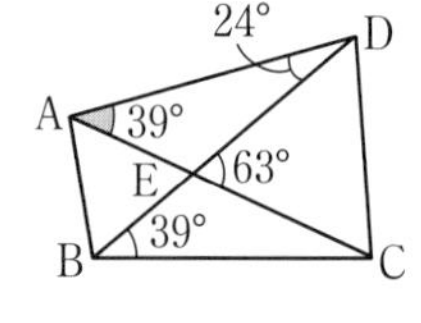

解き方 ㋐ △AEDで，三角形の内角，外角の性質より，
$\angle \mathrm{CAD}=63°-24°=39°$
$\angle \mathrm{CBD}=\angle \mathrm{CAD}=39°$
だから，4点A，B，C，Dは1つの円周上にあります。
㋑ $\mathrm{AB}=\mathrm{DC}$，BCは共通，
$\angle \mathrm{ABC}=\angle \mathrm{DCB}=78°$
より，2組の辺とその間の角が，それぞれ等しいから，

$\triangle \mathrm{ABC}\equiv\triangle \mathrm{DCB}$
よって，$\angle \mathrm{CAB}=\angle \mathrm{BDC}$ だから，4点A，B，C，Dは1つの円周上にあります。
㋒ $\angle \mathrm{BAC}=54°$，$\angle \mathrm{BDC}=53°$ で等しくないから，4点A，B，C，Dは1つの円周上にありません。

❻ (例) ∠ACB＝∠ADB だから，4 点 A，B，C，D は 1 つの円周上にある。
$\overset{\frown}{BC}$，$\overset{\frown}{AD}$ において，円周角の定理よりそれぞれ，∠BAC＝∠BDC，∠ABD＝∠ACD が成り立つ。

解き方 まず，4 点 A，B，C，D が 1 つの円周上にあることを示し，$\overset{\frown}{BC}$，$\overset{\frown}{AD}$ に対して，円周角の定理を使って証明する。

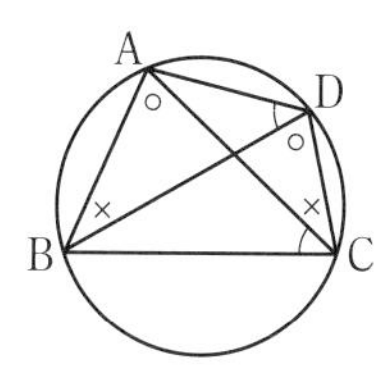

❼ △EDC

解き方 △EAB と △EDC において，
$\overset{\frown}{BC}$ に対する円周角は等しいから，
∠EAB＝∠EDC
$\overset{\frown}{AD}$ に対する円周角は等しいから，
∠ABE＝∠DCE
2 組の角が，それぞれ等しいから，
△EAB∽△EDC

❽ (例) △ABE と △BDE で，
$\overset{\frown}{EC}$ に対する円周角だから，
∠CAE＝∠EBD
∠CAE＝∠EAB より，
∠EAB＝∠EBD ……①
共通な角だから，∠AEB＝∠BED ……②
①，② より，2 組の角が，それぞれ等しいから，
△ABE∽△BDE

解き方 円周角の定理を使い，2 組の角が，それぞれ等しいことを示します。

❾ 2.4 cm

解き方 $\overset{\frown}{BC}$ に対する円周角は等しいから，
∠BAC＝∠CDB
また，対頂角は等しいから，∠APC＝∠DPB
以上から，△PAC∽△PDB
よって，
PA : PD＝PC : PB
10 : 4＝6 : PB
10PB＝24
PB＝2.4(cm)

❿

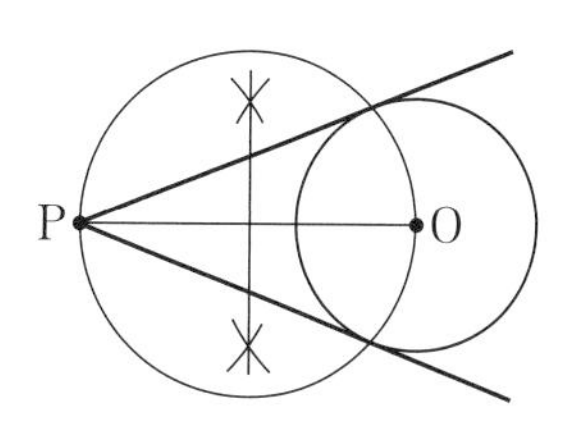

解き方 作図の手順
① 線分 OP の垂直二等分線をひき，OP との交点を M とする。
②M を中心として，MP(MO) を半径とする円をかき，円 O との交点を A，B とする。
③P と A，P と B をそれぞれ結ぶ。

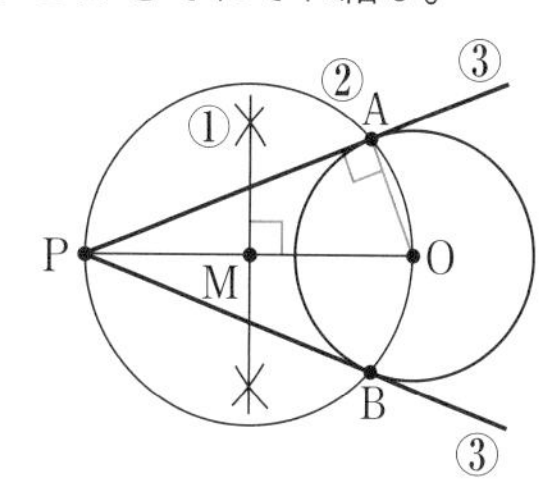

円の接線は，接点を通る半径に垂直であることから，接点を通り，半径に垂直な直線を作図すればよいです。ここでは，M を中心とする半径 MP(MO) の円を作図すれば，半円の弧に対する円周角が 90°であることから，∠PAO＝90°となり，接点 A を通り，半径 OA に垂直な直線 PA を作図することができます。

p.46-47 Step 3

❶ (1) 57°　(2) 44°　(3) 38°　(4) 96°　(5) 70°　(6) 40°

❷ $\angle x$ 36°　$\angle y$ 72°　$\angle z$ 108°

❸ (1) ○　(2) ×　(3) ○

❹ (1) 10 cm　(2) 4.6 cm

❺ (1) △PAC∽△PDB　(2) $\frac{20}{3}$ cm

❻ (例) △ACD と △AEF で，円周角の定理より，
∠ACD＝∠AEF，∠ADC＝∠AFE
よって，2 組の角が，それぞれ等しいから，
△ACD∽△AEF

❼ (例) △DBC と △DCE で，
共通な角だから，∠BDC＝∠CDE ……①
仮定より，∠ABD＝∠DBC ……②
$\overset{\frown}{AD}$ に対する円周角だから，
∠ABD＝∠DCE ……③
②，③ から，∠DBC＝∠DCE ……④
①，④ から，2 組の角が，それぞれ等しいので，
△DBC∽△DCE

解き方

❶ (1) $\angle APB=\frac{1}{2}\angle AOB$ より，

$\angle x=114°\times\frac{1}{2}=57°$

(2) 半円の弧に対する円周角は 90°だから，
∠BCD＝90°
円周角の定理より，
∠ACD＝∠ABD＝46°
よって，
$\angle x=90°-46°$
$=44°$

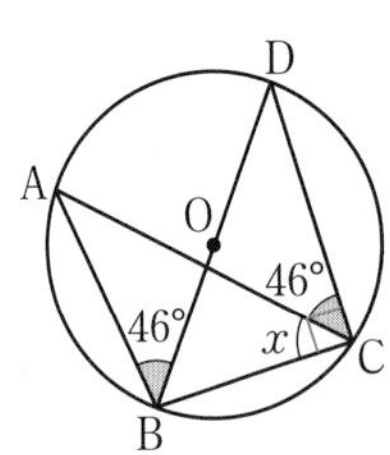

(3) 円周角の定理より，
∠ACD＝∠ABD＝42°
△CDE において，三角形の内角，外角の性質より，
$\angle x=80°-42°$
$=38°$

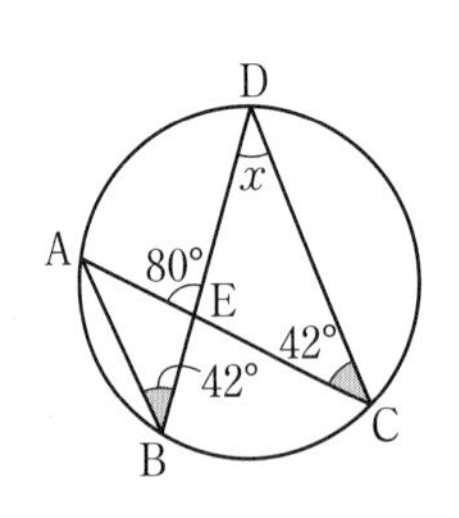

(4) O と P を結びます。円 O の半径だから，
OA＝OB＝OP
よって，△OAP と △OBP は二等辺三角形です。

よって，
∠OPA＝∠OAP＝28°，∠OPB＝∠OBP＝20°
$\angle x=2\angle APB=(28°+20°)\times 2$
$=96°$

(5) F と C を結びます。
円周角の定理より，
∠BFC＝∠BAC＝40°
∠CFD＝∠CED＝30°
$\angle x=\angle BFC+\angle CFD$
$=40°+30°$
$=70°$

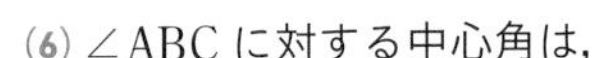

(6) ∠ABC に対する中心角は，
∠AOC＝110°×2＝220°
よって，
$\angle x=220°-180°$
$=40°$

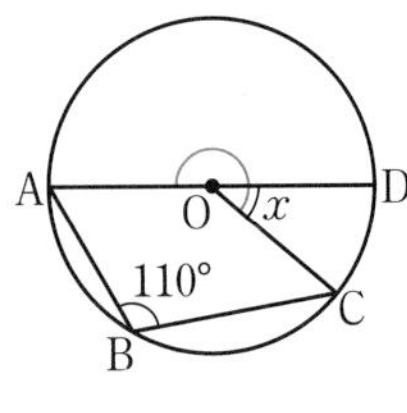

❷ 円の中心を O とする。円周を A，B，C，D，E によって 5 等分しているから，
∠COD＝360°÷5
＝72°
円周角の定理より，
$\angle x=\angle COD\div 2$
$=72°\div 2$
$=36°$

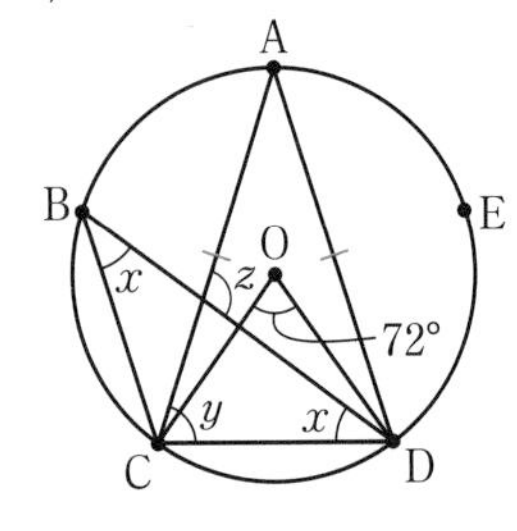

△ACD は AC＝AD の二等辺三角形であり，
∠CAD＝∠CBD＝36°だから，
$\angle y=(180°-36°)\div 2$
$=72°$
また，$\overset{\frown}{BC}=\overset{\frown}{CD}$ より，
∠CBD＝∠BDC
三角形の内角，外角の性質より，
$\angle z=\angle BDC+\angle ACD=\angle x+\angle y$
$=36°+72°=108°$

別解 $\angle x$，$\angle y$ は次のように求めてもよいです。

円周角の定理より，

$\angle\text{CAD}=\angle\text{CBD}=\angle x$

弧と円周角の定理より，

$\angle\text{BAC}=\angle\text{CAD}=\angle\text{DAE}$

$=\angle x$

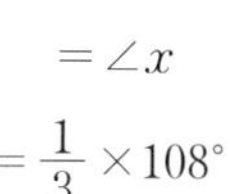

$\angle x=\dfrac{1}{3}\times108°$

$=36°$

$\angle y=108°-\angle x$

$=108°-36°$

$=72°$

❸ (1) △ABE において，三角形の内角，外角の性質より，

$\angle\text{BAC}=110°-55°=55°$

$\angle\text{BDC}=\angle\text{BAC}=55°$

だから，4 点 A，B，C，D は 1 つの円周上にあります。

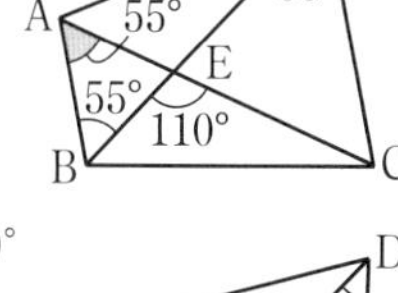

(2) $\angle\text{ABD}=65°$，$\angle\text{ACD}=60°$ で等しくないから，4 点 A，B，C，D は 1 つの円周上にありません。

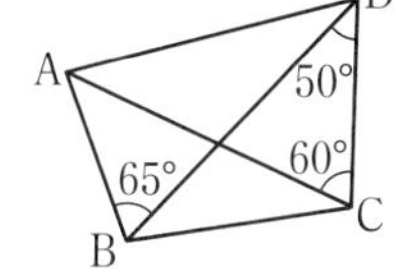

(3) 円周角の定理の逆より，

$\angle\text{BAC}=\angle\text{BDC}=90°$

だから，4 点 A，B，C，

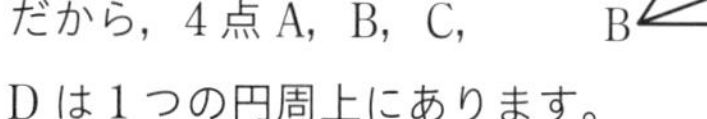

D は 1 つの円周上にあります。

❹ (1) △PAD∽△PCB より，

PA：PC＝DA：BC

9：6＝15：BC

BC＝10(cm)

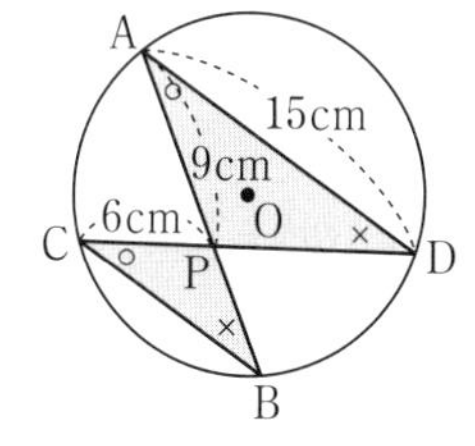

(2) △PCA∽△PDB より，

PC：PD＝PA：PB

PC：12＝4：5

PC＝9.6 cm

BC＝9.6－5

＝4.6(cm)

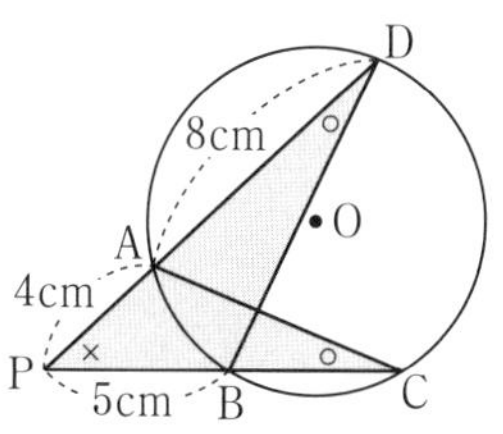

❺ (1) 円周角の定理より，

$\angle\text{PAC}=\angle\text{PDB}$

$\angle\text{ACP}=\angle\text{DBP}$

よって，2 組の角が，それぞれ等しいから，

△PAC∽△PDB

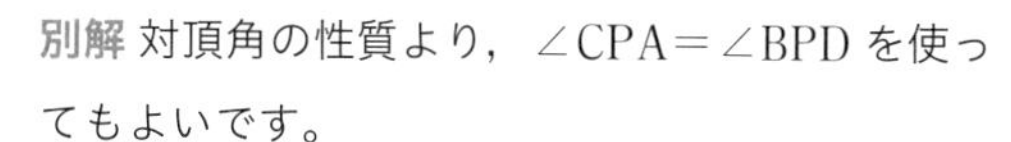

別解 対頂角の性質より，$\angle\text{CPA}=\angle\text{BPD}$ を使ってもよいです。

(2) △PAC∽△PDB より，

PA：PD＝PC：PB

5：PD＝6：8

6PD＝40

$\text{PD}=\dfrac{40}{6}=\dfrac{20}{3}$(cm)

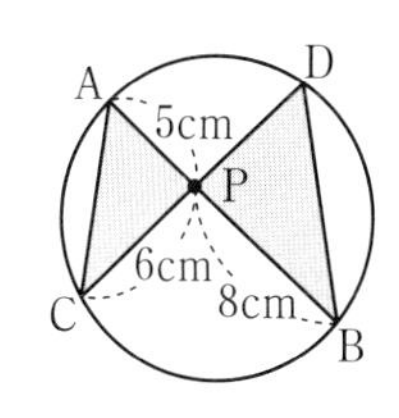

❻ 辺の比がわからないので，角に着目します。

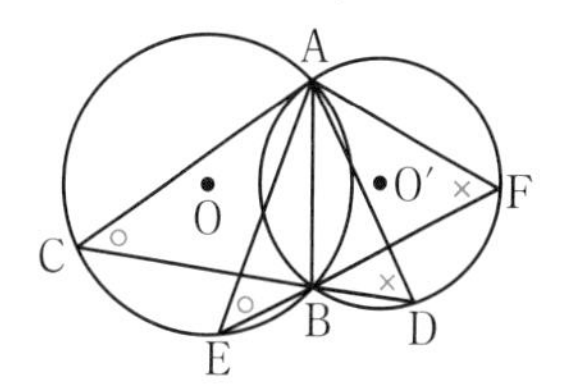

円があるので，円周角の定理を使って，相似を証明する △ACD と △AEF にふくまれる 2 組の角に着目し，それらが等しいことを述べましょう。

❼ 共通な角だから，$\angle\text{BDC}=\angle\text{CDE}$ であることはすぐにわかります。あと 1 組の等しい角を見つけましょう。円の性質が使えます。

▶ 本文 p.49

7章 三平方の定理

1節 直角三角形の3辺の関係

p.49 Step 2

❶ (1) $x=15$　(2) $x=8$
(3) $x=5$　(4) $x=\sqrt{6}$

解き方 三平方の定理にあてはめます。

(1) 斜辺が x cm だから，$9^2+12^2=x^2$
$81+144=x^2$
$x^2=225$
$x>0$ だから，$x=\sqrt{225}=15$

(2) 斜辺が 17 cm だから，$x^2+15^2=17^2$
$x^2+225=289$
$x^2=64$
$x>0$ だから，$x=\sqrt{64}=8$

(3) 斜辺が 13 cm だから，$12^2+x^2=13^2$
$x^2=169-144=25$
$x>0$ だから，$x=\sqrt{25}=5$

(4) 斜辺が $\sqrt{15}$ cm だから，$3^2+x^2=(\sqrt{15})^2$
$x^2=15-9=6$
$x>0$ だから，$x=\sqrt{6}$

❷ $x=12$，$y=9$

解き方 △ACD において，斜辺が 20 cm だから，
$x^2+16^2=20^2$
$x^2=144$
$x>0$ だから，$x=\sqrt{144}=12$
△ABD において，斜辺が 15 cm だから，
$y^2+12^2=15^2$
$y^2=81$
$y>0$ だから，$y=\sqrt{81}=9$

別解 y は，次のように考えてもよいです。
直角三角形 ABC において，
$\mathrm{BC}=(y+16)$ cm
BC は斜辺だから，
$20^2+15^2=(y+16)^2$
$(y+16)^2=625$
$y+16=\pm 25$
$y=9$，$y=-41$
$y>0$ だから，$y=9$

❸ (1) $\sqrt{85}$ cm　(2) 9 cm
(3) $2\sqrt{3}$ cm　(4) 25 cm

解き方 斜辺の長さを x cm として，三平方の定理にあてはめます。

(1) $7^2+6^2=x^2$
$x^2=85$
$x>0$ だから，$x=\sqrt{85}$

(2) $(4\sqrt{2})^2+7^2=x^2$
$x^2=81$
$x>0$ だから，$x=9$

(3) $(\sqrt{5})^2+(\sqrt{7})^2=x^2$
$x^2=12$
$x>0$ だから，$x=\sqrt{12}=2\sqrt{3}$

(4) $7^2+24^2=x^2$
$x^2=625$
$x>0$ だから，$x=25$

❹ ㋒，㋓，㋔

解き方 3辺の長さ a，b，c の間に，$a^2+b^2=c^2$ の関係が成り立つかどうかを調べればよいです。このとき，もっとも長い辺を c とします。

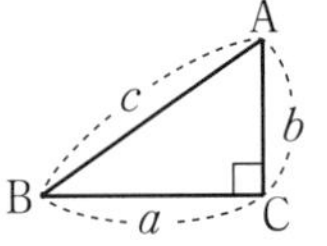

㋐ $a=5$，$b=6$，$c=7$ とすると，
$a^2+b^2=5^2+6^2=61$，$c^2=7^2=49$

㋑ $a=6$，$b=8$，$c=11$ とすると，
$a^2+b^2=6^2+8^2=100$，$c^2=11^2=121$

㋒ $a=\sqrt{3}$，$b=\sqrt{7}$，$c=\sqrt{10}$ とすると，
$a^2+b^2=(\sqrt{3})^2+(\sqrt{7})^2=10$
$c^2=(\sqrt{10})^2=10$

㋓ $a=1.8$，$b=2.4$，$c=3$ とすると，
$a^2+b^2=1.8^2+2.4^2=9$，$c^2=3^2=9$

㋔ $a=11$，$b=60$，$c=61$ とすると，
$a^2+b^2=11^2+60^2=3721$，$c^2=61^2=3721$

㋕ $3=\sqrt{9}$，$3\sqrt{3}=\sqrt{27}$，$7=\sqrt{49}$ より，
$3<3\sqrt{3}<7$
だから，$a=3$，$b=3\sqrt{3}$，$c=7$ とすると，
$a^2+b^2=3^2+(3\sqrt{3})^2=36$，$c^2=7^2=49$
よって，㋒，㋓，㋔が直角三角形です。

2節 三平方の定理の利用

p.51 **Step 2**

❶ (1) $x=6\sqrt{2}$，$y=3\sqrt{2}$
(2) $x=4\sqrt{6}$，$y=8\sqrt{6}$

解き方 (1) $\angle B=45^\circ$であるから，△ABCは直角二等辺三角形です。よって，

$x:6=\sqrt{2}:1$ より，$x=6\sqrt{2}$

△ADCも直角二等辺三角形になるから，

$y:6=1:\sqrt{2}$ より，$y=3\sqrt{2}$

(2) △ABCは直角二等辺三角形になるから，

$AC:12=\sqrt{2}:1$ より，$AC=12\sqrt{2}$

△ACDは60°の角をもつ直角三角形だから，

$x:12\sqrt{2}=1:\sqrt{3}$ より，$x=4\sqrt{6}$

$AD=DC\times2$ だから，$y=4\sqrt{6}\times2=8\sqrt{6}$

❷ 弦AB $2\sqrt{5}$ cm，線分PA $2\sqrt{10}$ cm

解き方 OとAを結びます。直角三角形OAHで，

$AH^2+OH^2=OA^2$

$AH^2+2^2=3^2$

$AH^2=9-4=5$

$AH>0$ だから，$AH=\sqrt{5}$

$AB=2AH=2\sqrt{5}$ (cm)

直角三角形OPAで，

$PA^2+OA^2=OP^2$

$PA^2+3^2=7^2$

$PA^2=49-9=40$

$PA>0$ だから，$PA=\sqrt{40}=2\sqrt{10}$ (cm)

❸ (1) $2\sqrt{10}$　(2) $\sqrt{41}$

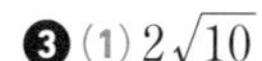

解き方 2点間の距離は，2点を結んだ線分を斜辺とする直角三角形をつくり，三平方の定理を使って求めます。

(1) Aからy軸に平行にひいた直線と，Bからx軸に平行にひいた直線との交点をHとすると，

△AHBで，$AH=3-1=2$，$HB=4-(-2)=6$ だから，

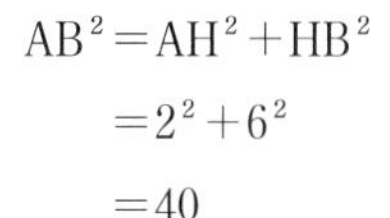

$AB^2=AH^2+HB^2$

$=2^2+6^2$

$=40$

$AB>0$ だから，

$AB=2\sqrt{10}$

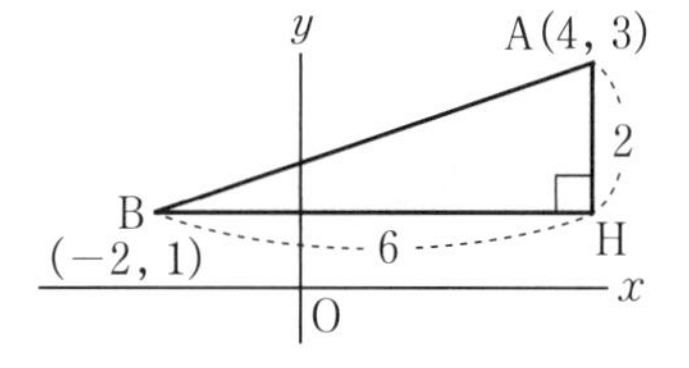

(2) Dからy軸に平行にひいた直線と，Cからx軸に平行にひいた直線との交点をHとすると，

△DHCで，$DH=2-(-2)=4$，$HC=3-(-2)=5$ だから，

$CD^2=4^2+5^2$

$=41$

$CD>0$ だから，

$CD=\sqrt{41}$

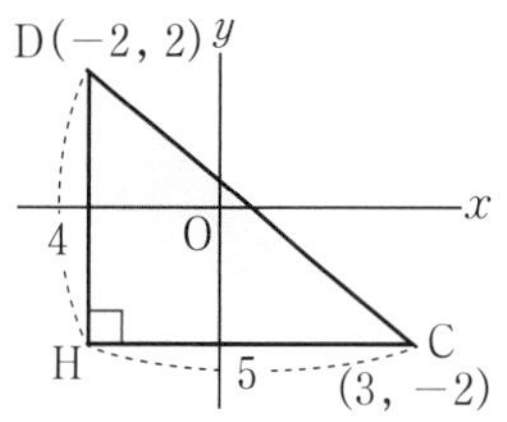

❹ (1) $4\sqrt{2}$ cm　(2) $4\sqrt{3}$ cm

解き方 (1) △EFHは直角二等辺三角形だから，

HF$=x$cmとすると，

$4:x=1:\sqrt{2}$

$x=4\sqrt{2}$

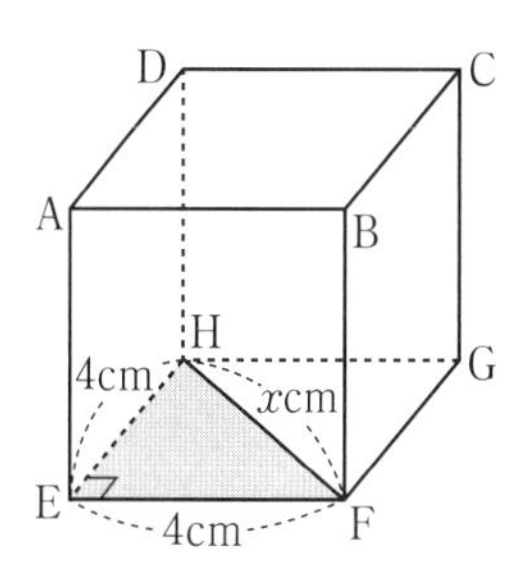

(2) △DHFは，直角をはさむ2辺が4cm，$4\sqrt{2}$ cmの直角三角形なので，

対角線DFの長さを$y$cmとすると，

$y^2=4^2+(4\sqrt{2})^2$

$=48$

$y>0$ だから，

$y=4\sqrt{3}$

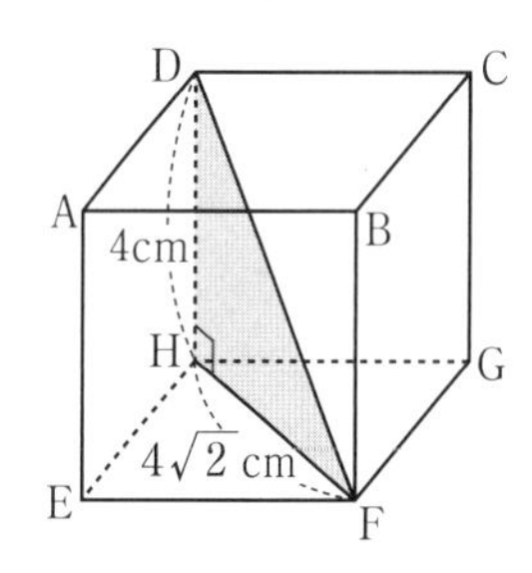

❺ 100π cm^3

解き方 △AOBで，

$AO^2+5^2=13^2$

$AO^2=169-25=144$

$AO>0$ だから，$AO=12$

よって，円錐の体積は，

$\frac{1}{3}\times\pi\times5^2\times12=100\pi$ (cm^3)

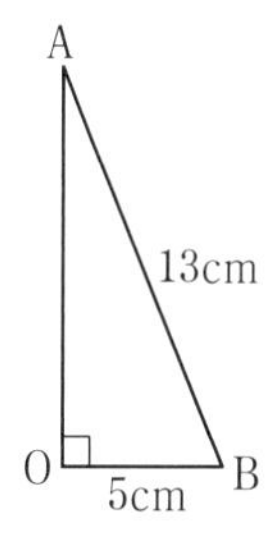

▶ 本文 p.52

p.52-53 Step 3

❶ (1) $x=2\sqrt{5}$ (2) $x=4\sqrt{2}$ (3) $x=2\sqrt{14}$

❷ (1) × (2) ○ (3) × (4) ○

❸ AB $8\sqrt{3}$ cm BC $4\sqrt{3}$ cm AD $6\sqrt{2}$ cm
CD $6\sqrt{2}$ cm

❹ (1) $16\sqrt{3}$ cm^2 (2) $12\sqrt{2}$ cm

❺ $4\sqrt{3}$ cm

❻ (1) 5 (2) $\sqrt{34}$

❼ (1) $10\sqrt{3}$ cm (2) $50\sqrt{3}$ cm^2

❽ 576πcm^2

解き方

❶ (1) $2^2+4^2=x^2$

$x^2=20$

$x>0$ より，$x=\sqrt{20}=2\sqrt{5}$

(2) $x^2+7^2=9^2$

$x^2=32$

$x>0$ より，$x=\sqrt{32}=4\sqrt{2}$

(3) △ABD において，

$AD^2+6^2=x^2$

$AD^2=x^2-36$

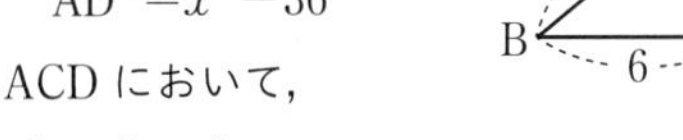

△ACD において，

$AD^2+4^2=6^2$

$AD^2=20$

よって，

$x^2-36=20$

$x^2=56$

$x>0$ だから，$x=\sqrt{56}=2\sqrt{14}$

❷ もっとも長い辺を c とし，3 辺の長さ a，b，c の間に $a^2+b^2=c^2$ の関係が成り立つかを調べます。

(1) $a=4$，$b=5$，$c=7$ とすると，

$a^2+b^2=4^2+5^2=41$

$c^2=49$

(2) $a=0.9$，$b=1.2$，$c=1.5$ とすると，

$a^2+b^2=0.9^2+1.2^2=2.25$

$c^2=2.25$

(3) $2\sqrt{3}=\sqrt{12}$，$3=\sqrt{9}$ だから，

$a=2$，$b=3$，$c=2\sqrt{3}$ とすると，

$a^2+b^2=2^2+3^2=13$

$c^2=12$

(4) $2\sqrt{2}=\sqrt{8}$ だから，

$a=\sqrt{2}$，$b=\sqrt{6}$，$c=2\sqrt{2}$ とすると，

$a^2+b^2=(\sqrt{2})^2+(\sqrt{6})^2=8$

$c^2=(2\sqrt{2})^2=8$

❸ △ABC は，30°，60°，90°の直角三角形だから，

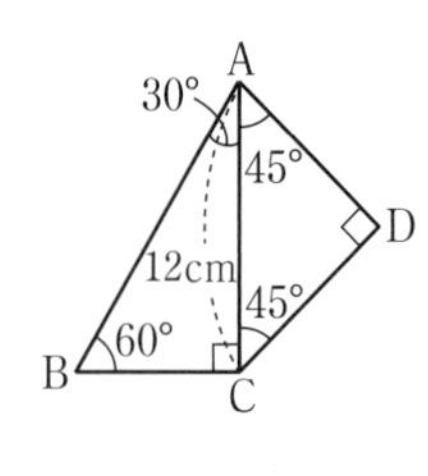

AB : BC : AC $=2:1:\sqrt{3}$

AC=12cm より，

AB : AC $=2:\sqrt{3}$

AB : 12 $=2:\sqrt{3}$

$\sqrt{3}$ AB=24

$AB=\dfrac{24}{\sqrt{3}}=8\sqrt{3}$ (cm)

BC : AB=1 : 2

BC : $8\sqrt{3}=1:2$

$2BC=8\sqrt{3}$

$BC=4\sqrt{3}$ (cm)

△ACD は，45°，45°，90°の直角二等辺三角形だから，

AC : AD : CD $=\sqrt{2}:1:1$

AD : AC $=1:\sqrt{2}$

AD : 12 $=1:\sqrt{2}$

$\sqrt{2}$ AD=12

$AD=\dfrac{12}{\sqrt{2}}=6\sqrt{2}$ (cm)

CD=AD=$6\sqrt{2}$ cm

❹ (1) 頂点 A から辺 BC に垂線 AD をひくと，D は BC の中点です。△ABD で，

$AD^2+4^2=8^2$

$AD^2=64-16$

$=48$

$AD>0$ より，$AD=4\sqrt{3}$ cm

求める面積は，$\dfrac{1}{2}\times8\times4\sqrt{3}=16\sqrt{3}$ (cm^2)

(2) 右下の図より，△OAH≡△OBH だから，点 H は AB の中点となります。

AH=$x$cm とすると，

△OAH は直角三角形だから，

$x^2+3^2=9^2$

$x^2=72$

$x>0$ だから，$x=\sqrt{72}=6\sqrt{2}$

$AB=2AH=2\times6\sqrt{2}=12\sqrt{2}$ (cm)

❺ 接点をPとすると，次の図の△AOPは斜辺が8cmの直角三角形だから，

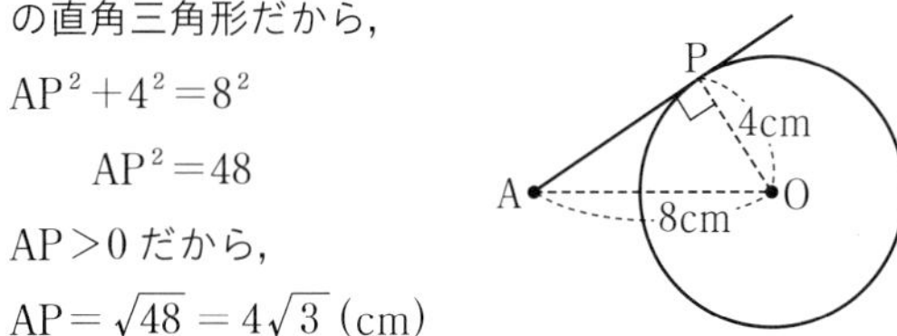

$AP^2+4^2=8^2$

$AP^2=48$

AP＞0だから，

$AP=\sqrt{48}=4\sqrt{3}$ (cm)

❻ 2点間の距離は，2点を結んだ線分を斜辺とする直角三角形をつくり，三平方の定理を使って求めます。

(1) Aからy軸に平行にひいた直線と，Bからx軸に平行にひいた直線との交点をHとすると，

△AHBで，AH＝−1−(−4)＝3,

HB＝−1−(−5)＝4だから，

$AB^2=AH^2+HB^2$

$=3^2+4^2$

$=25$

AB＞0だから，

AB＝5

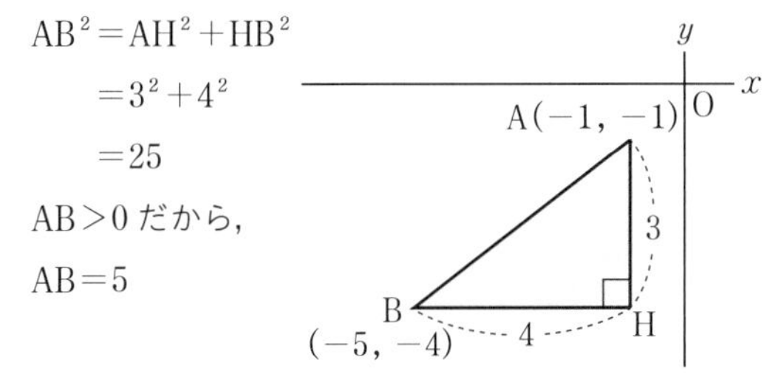

(2) Cからy軸に平行にひいた直線と，Dからx軸に平行にひいた直線との交点をHとすると，

△CHDで，CH＝2−(−1)＝3,

HD＝3−(−2)＝5だから，

$CD^2=3^2+5^2$

$=34$

CD＞0だから，

$CD=\sqrt{34}$

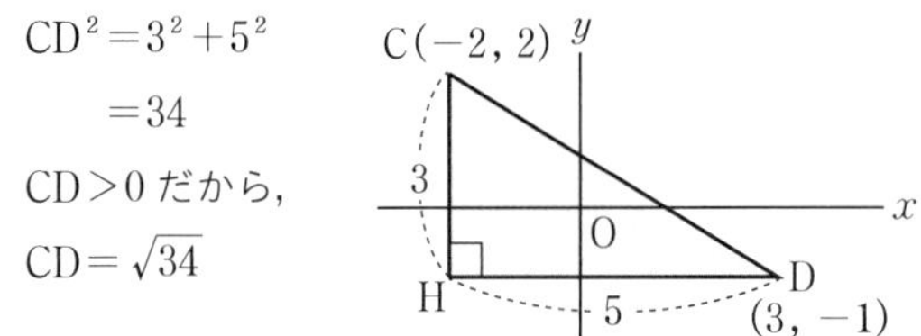

❼ (1) $BH^2=10^2+10^2+10^2$

$=300$

BH＞0だから，

$BH=\sqrt{300}$

$=10\sqrt{3}$ (cm)

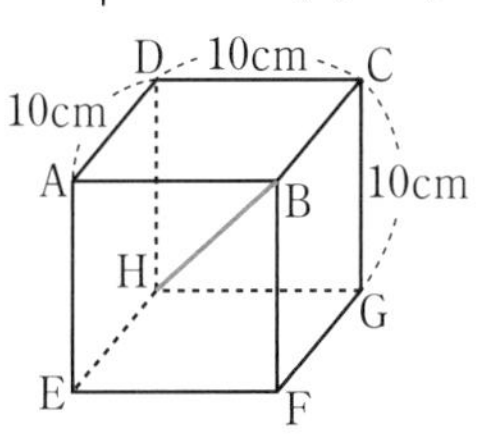

(2) 図のように，△ACFは，各辺が合同な正方形の対角線だから，正三角形になります。

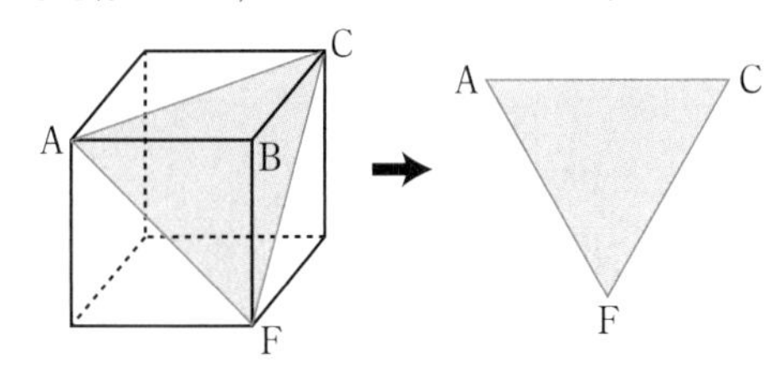

△ABFにおいて，AFは

$AF^2=10^2+10^2$

$=200$

AF＞0だから，

$AF=\sqrt{200}$

$=10\sqrt{2}$ (cm)

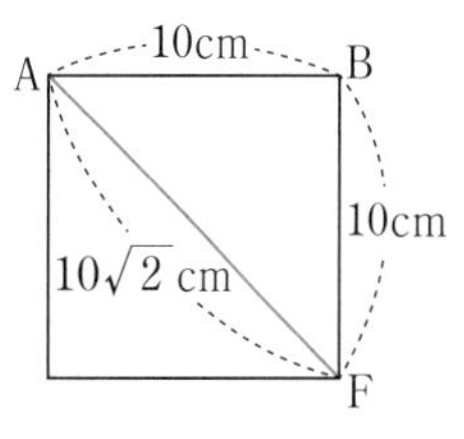

△ACFにおいて，高さを$h$cmとすると，

$(5\sqrt{2})^2+h^2=(10\sqrt{2})^2$

$h^2=150$

$h=5\sqrt{6}$

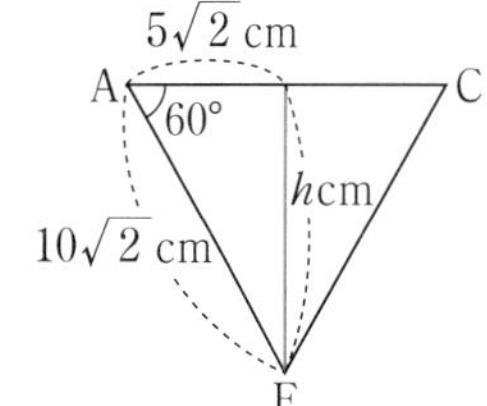

よって，△ACFの面積は，

$\frac{1}{2}\times10\sqrt{2}\times5\sqrt{6}=50\sqrt{3}$ (cm²)

参考 △ACFの高さhは，90°，60°，30°の直角三角形の3辺の長さの比を使って，

$AF : h=2 : \sqrt{3}$

$10\sqrt{2} : h=2 : \sqrt{3}$

$h=5\sqrt{6}$

として求めてもよい。

❽ 図のように，△OPHは直角三角形になります。
OPは球の半径だから，OP＝25cmです。
また，中心から7cmの距離にある平面で切ったとき，切り口の円の中心がHだから，OH＝7cmです。

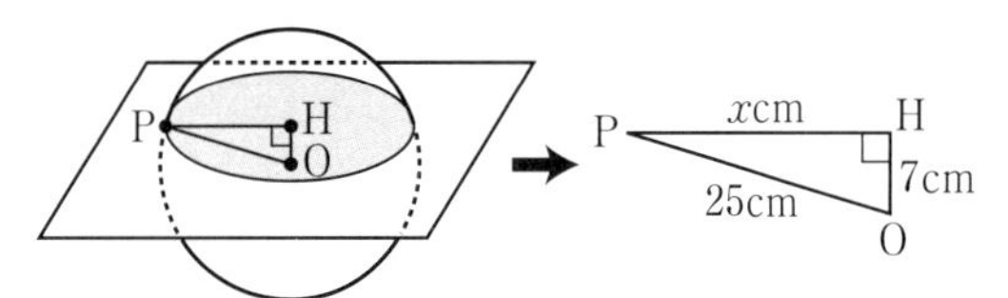

$x^2+7^2=25^2$

$x^2=576$

よって，切り口の円の面積は，

$\pi x^2=576\pi$ (cm²)

参考 切り口の円の面積は，πx^2で求められるので，$x=\sqrt{576}=24$まで求める必要はありません。

8章 標本調査とデータの活用

1節 標本調査

p.55 Step 2

❶ ㋑，㋒

解き方 全体を調査するのに時間や費用がかかりすぎたり，全部を調べるわけにはいかない場合に標本調査を行いますが，㋔のように台数が多くても全数調査が必要な場合もあります。
㋔どの自動車のブレーキも効かなければならないので全数調査が必要です。

❷ 母集団 全校生徒 720 人，
標本 選ばれた 100 人の生徒

解き方 調査の対象となるもとの集団が母集団です。母集団から取り出した一部の集団が標本です。

❸ (1) (例)乱数表を用いる。 (2) 23.9 m

解き方 (1) かたよりのないように無作為に抽出し，標本が母集団の正しい縮図になるように選ぶ方法を答えます。標本を無作為に抽出するためには，乱数さいや乱数表，コンピュータの表計算ソフトを用いる方法などがあります。
(2) 標本の平均値を母集団の平均値と考えます。

❹ およそ 120 個

解き方 母集団にも，標本と同じ比率で白の碁石があると考えられます。袋の中にある白い碁石の数を x 個とします。袋の中から無作為に抽出された碁石の数は 20 個で，その中にふくまれる白の碁石が 6 個だから，
$x:400=6:20$ より，$x=120$
よって，白の碁石の総数は，およそ 120 個と推定されます。

❺ およそ 144 人

解き方 3 年生全体のうち，虫歯のない生徒の数を x 人とします。無作為に抽出された 50 人の生徒の中にふくまれる虫歯のない生徒の数は 24 人だから，
$300:x=50:24$ より，$50x=7200$，$x=144$

p.56 Step 3

❶ (1) 全数調査 (2) 標本調査 (3) 全数調査
(4) 標本調査

❷ (1) ○ (2) × (3) × (4) ○

❸ (1) 63.4g (2) よくない。母集団の大きさにくらべて標本の大きさが小さいから。

❹ (1) およそ 850 個 (2) およそ 600 個

解き方

❶ (1) ある中学校 3 年生の進路調査は，3 年生全員にそれぞれ行う調査だから，全数調査でなければなりません。
(2) 検査をすると商品がなくなるので，全数調査はできません。
(3) ある高校で行う入学試験は，受験者全員の点数を知るために，全数調査でなければなりません。
(4) ある湖にいる魚の数の調査を全数調査で行うことは，時間も費用もかかりすぎます。

❷ (2) 日本人のある 1 日のテレビの視聴時間は，ある中学校の生徒全員ではなく，日本人の中から標本を，無作為に抽出しなければなりません。
(3) 特定の学校ではなく，東京都全域の各学年の中学生から無作為に標本を抽出しなければなりません。

❸ (1) $(65+72+58+60+62)\div5=317\div5=63.4$
(2) 標本の数が多い方が，推定の信頼性が高いです。

❹ (1) 種 1000 個のうち，発芽する種の総数を x 個とします。無作為に抽出された種の数は 20 個で，その中にふくまれる発芽する種が 17 個だから，
$1000:x=20:17$
$20x=17000$
$x=850$
よって，発芽する種の総数は，およそ 850 個。
(2) 袋の中の黒玉の総数を x 個とします。白玉を 100 個入れたあと，無作為に抽出された玉の数は 100 個で，その中にふくまれる白玉の数が 15 個だから，
$(x+100):100=100:15$
$10000=15(x+100)$
$10000=15x+1500$
$x=\dfrac{8500}{15}=566.6\cdots$
十の位を四捨五入すると，およそ 600 個。

テスト前 ☑ やることチェック表

① まずはテストの目標をたてよう。頑張ったら達成できそうなちょっと上のレベルを目指そう。
② 次にやることを書こう（「ズバリ英語〇ページ，数学〇ページ」など）。
③ やり終えたら□に✓を入れよう。
最初に完ぺきな計画をたてる必要はなく，まずは数日分の計画をつくって，
その後追加・修正していっても良いね。

目標

	日付	やること 1	やること 2
2週間前	／	□	□
	／	□	□
	／	□	□
	／	□	□
	／	□	□
	／	□	□
	／	□	□
1週間前	／	□	□
	／	□	□
	／	□	□
	／	□	□
	／	□	□
	／	□	□
	／	□	□
テスト期間	／	□	□
	／	□	□
	／	□	□
	／	□	□
	／	□	□

QRコードのページに登録すると，「ぴたリンク」からも表をダウンロードできるよ

① まずはテストの目標をたてよう。頑張ったら達成できそうなちょっと上のレベルを目指そう。
② 次にやることを書こう（「ズバリ英語〇ページ，数学〇ページ」など）。
③ やり終えたら□に✓を入れよう。
最初に完ぺきな計画をたてる必要はなく，まずは数日分の計画をつくって，
その後追加・修正していっても良いね。

目標

	日付	やること 1	やること 2
2週間前	／	□	□
	／	□	□
	／	□	□
	／	□	□
	／	□	□
	／	□	□
	／	□	□
1週間前	／	□	□
	／	□	□
	／	□	□
	／	□	□
	／	□	□
	／	□	□
	／	□	□
テスト期間	／	□	□
	／	□	□
	／	□	□
	／	□	□
	／	□	□

キリトリ線

QRコードのページに登録すると，「ぴたリンク」からも表をダウンロードできるよ

チェックBOOK

- テストにズバリよくでる!
- 用語・公式や例題を掲載!

数学

啓林館版

3年

教 p.12〜20

1 多項式と単項式の乗法，除法

□多項式(たこうしき)×単項式，単項式×多項式の計算では，分配法則

$(a+b)c=$ $\boxed{ac+bc}$，$c(a+b)=$ $\boxed{ca+cb}$

を用いて，多項式×数の場合と同じように計算することができます。

□多項式÷単項式の計算では，多項式÷数の場合と同じように計算することができます。

$(A+B)\div C=\boxed{\dfrac{A}{C}+\dfrac{B}{C}}$

2 式の展開

□$(a+b)(c+d)=\boxed{ac+ad+bc+bd}$

|例| $(x+3)(y-2)=\boxed{xy}-2x+3y-\boxed{6}$

3 重要 乗法の公式

□$(x+a)(x+b)=\boxed{x^2+(a+b)x+ab}$

|例| $(x+1)(x-2)=x^2+(1-2)x+\boxed{1\times(-2)}$

$=\boxed{x^2-x-2}$

□$(a+b)^2=\boxed{a^2+2ab+b^2}$

|例| $(x+3)^2=x^2+2\times x\times\boxed{3}+\boxed{3}^2$

$=\boxed{x^2+6x+9}$

□$(a-b)^2=\boxed{a^2-2ab+b^2}$

□$(a+b)(a-b)=\boxed{a^2-b^2}$

|例| $(x+4)(x-4)=x^2-\boxed{4}^2$

$=\boxed{x^2-16}$

教 p.21〜27

1 重要 因数分解の公式

□$Ma+Mb=$ $\boxed{M(a+b)}$

|例| $ab+ac=a\times\boxed{b}+a\times\boxed{c}$

$=\boxed{a(b+c)}$

□$a^2-b^2=\boxed{(a+b)(a-b)}$

|例| $x^2-9=x^2-\boxed{3}^2$

$=\boxed{(x+3)(x-3)}$

□$a^2+2ab+b^2=\boxed{(a+b)^2}$

|例| $x^2+8x+16=x^2+2\times x\times\boxed{4}+\boxed{4}^2$

$=\boxed{(x+4)^2}$

□$a^2-2ab+b^2=\boxed{(a-b)^2}$

□$x^2+(a+b)x+ab=\boxed{(x+a)(x+b)}$

|例| $x^2+5x+6=\boxed{(x+2)(x+3)}$

2 いろいろな因数分解

□$2ax^2-4ax+2a$ を因数分解するときは，共通因数 $\boxed{2a}$ をくくり出し，さらに因数分解します。

$2ax^2-4ax+2a=\boxed{2a}(x^2-2x+1)$

$=\boxed{2a(x-1)^2}$

□$(x+y)a-(x+y)b$ を因数分解するときは，式の中の共通な部分 $\boxed{x+y}$ を M とおきかえて考えます。

$(x+y)a-(x+y)b=\boxed{Ma}-\boxed{Mb}$

$=M(a-b)$

$=\boxed{(x+y)(a-b)}$

2章 平方根

1節 平方根

教 p.40〜49

1 平方根

□ 2 乗すると a になる数を，a の [平方根] といいます。

□正の数 a の平方根は，正の数と [負の数] の 2 つあって，それらの [絶対値] は等しくなります。

2 重要 平方根の大小

□正の数 a，b について，

$a<b$ ならば，$\sqrt{a}$ [$<$] $\sqrt{b}$

例 $\sqrt{2}$ と $\sqrt{3}$ の大小は，2 [$<$] 3 だから，$\sqrt{2}$ [$<$] $\sqrt{3}$

3 有理数と無理数

□分数の形に表すことができる数を [有理数]，そうでない数を [無理数] といいます。

□

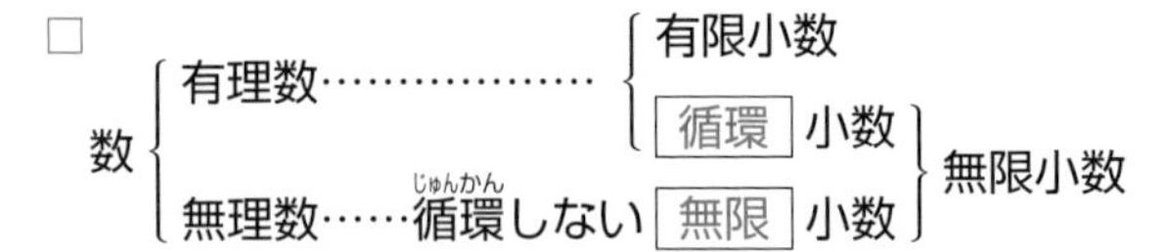

4 真の値と近似値

□真の値に近い値のことを [近似値] といいます。

□誤差（ごさ）＝ [近似値] － [真の値]

□近似値を表す数で，意味のある数字を [有効数字] といいます。

例 ある木材の重さを有効数字 3 けたで表した近似値は 415 g で，これを整数部分が 1 けたの小数と，10 の何乗かの積の形に表すと，[4.15] $\times$ [10^2] (g)

教 p.51～58

1 重要 根号をふくむ式の乗法，除法

□正の数 a，b について，

$$\sqrt{a}\times\sqrt{b}=\boxed{\sqrt{a\times b}},\quad \frac{\sqrt{a}}{\sqrt{b}}=\boxed{\sqrt{\frac{a}{b}}},\quad \sqrt{a^2b}=\boxed{a\sqrt{b}}$$

□分母と分子に同じ数をかけて，分母に $\sqrt{\ }$ をふくまない形にすることを，［分母を有理化する］といいます。

|例| $\dfrac{\sqrt{2}}{\sqrt{3}}=\dfrac{\sqrt{2}\times\boxed{\sqrt{3}}}{\sqrt{3}\times\boxed{\sqrt{3}}}=\boxed{\dfrac{\sqrt{6}}{3}}$

2 根号をふくむ式の計算

□$\sqrt{\ }$ をふくむ式の和と差は，それぞれの項(こう)の $\sqrt{\ }$ の中の数を，できるだけ［簡単］にして，$\sqrt{\ }$ の部分が［同じものどうし］を計算します。

□分母に $\sqrt{\ }$ があるときは，分母を［有理化］すると計算できます。

|例| $\sqrt{18}-\dfrac{4}{\sqrt{2}}=3\sqrt{2}-\dfrac{4\times\boxed{\sqrt{2}}}{\sqrt{2}\times\boxed{\sqrt{2}}}=3\sqrt{2}-\dfrac{4\sqrt{2}}{2}$

$=3\sqrt{2}-\boxed{2\sqrt{2}}=\boxed{\sqrt{2}}$

□$\sqrt{\ }$ をふくむ式の積は，分配法則や［乗法の公式］を使って計算します。

|例| $\sqrt{3}(\sqrt{3}+1)=\sqrt{3}\times\boxed{\sqrt{3}}+\sqrt{3}\times\boxed{1}$

$=\boxed{3+\sqrt{3}}$

|例| $(1+\sqrt{3})^2=1^2+2\times1\times\boxed{\sqrt{3}}+\boxed{(\sqrt{3})^2}$

$=1+\boxed{2\sqrt{3}}+\boxed{3}$

$=\boxed{4+2\sqrt{3}}$

教 p.68〜71

1 二次方程式

□移項(いこう)して整理すると，(x の二次式)$=0$ という形になる方程式を，

x についての 二次方程式 といいます。

2 重要 $ax^2=b$ の解き方

□$ax^2=b$ を $x^2=k$ の形に変形して解くことができます。

例 $2x^2=10$

$x^2=$ 5

$x=$ $\pm\sqrt{5}$

3 $(x+m)^2=n$ の解き方

□$(x+m)^2=n$ の $x+m$ を X とすると， $X^2=n$ となり，$ax^2=b$ の

解き方と同じ方法で解くことができます。

4 $x^2+px+q=0$ の解き方

□$x^2+px+q=0$ を $(x+m)^2=n$ の形に変形して解くことができます。

例 $x^2+2x-1=0$

$x^2+2x=1$

x^2+2x+ 1 $^2=1+$ 1 ^{2}

$(x+1)^2=2$

$x+1=$ $\pm\sqrt{2}$

$x=$ $-1\pm\sqrt{2}$

3章 二次方程式

1節 二次方程式
2節 二次方程式の利用

教 p.72～85

1 重要 二次方程式の解の公式

□二次方程式 $ax^2+bx+c=0$ の解は,

$$x=\boxed{\dfrac{-b\pm\sqrt{b^2-4ac}}{2a}}$$

|例| $3x^2-3x-1=0$

解の公式で, $a=3$, $b=\boxed{-3}$, $c=-1$ の場合だから,

$$x=\dfrac{-\boxed{(-3)}\pm\sqrt{\boxed{(-3)}^2-4\times3\times(-1)}}{2\times\boxed{3}}$$

$$=\boxed{\dfrac{3\pm\sqrt{21}}{6}}$$

2 二次方程式と因数分解

□二次方程式 $ax^2+bx+c=0$ は, その左辺 ax^2+bx+c を因数分解することができれば,

「$A\times B=0$ ならば, $A=\boxed{0}$ または $B=\boxed{0}$」

を使って, 解くことができます。

|例| $x^2+5x+6=0$

$(x+2)(x+\boxed{3})=0$

$x+2=0$ または $\boxed{x+3}=0$

よって, $x=\boxed{-2}$, $\boxed{-3}$

3 二次方程式の利用

□方程式を使って問題を解いたとき, その方程式の解が

[問題にあっているかどうか] を調べます。

教 p.92〜101

1 関数 $y=ax^2$

□x と y の関係が，$y=ax^2$（a は定数）で表されるとき，y は x の 2乗に比例する といい，a を 比例定数 といいます。

2 重要 関数 $y=ax^2$ のグラフ

□❶ 関数 $y=ax^2$ のグラフは 放物線 で，その軸（じく）は y 軸，頂点は 原点 である。

□❷ 関数 $y=ax^2$ のグラフは，比例定数 a の符号（ふごう）によって，次のようになる。

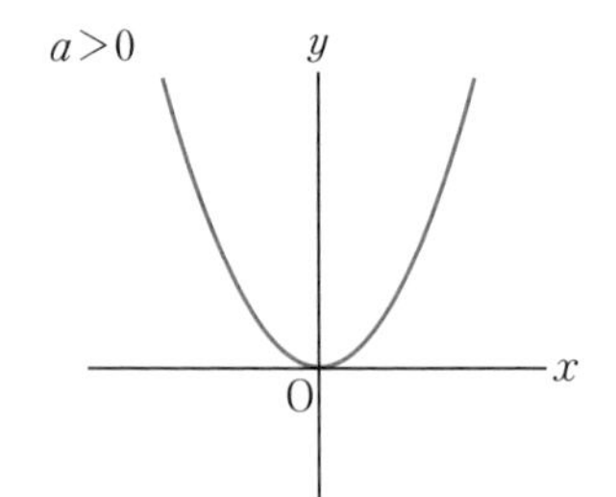

$a<0$

x 軸の 上 側にあり，上 に開いている。

x 軸の 下 側にあり，下 に開いている。

□❸ 関数 $y=ax^2$ のグラフは，比例定数 a の絶対値が大きいほど，開き方が 小さく なる。

例 右の図は，2つの関数 $y=x^2$ と $y=2x^2$ のグラフを，同じ座標軸を使ってかいたものです。

$y=x^2$ のグラフは イ です。

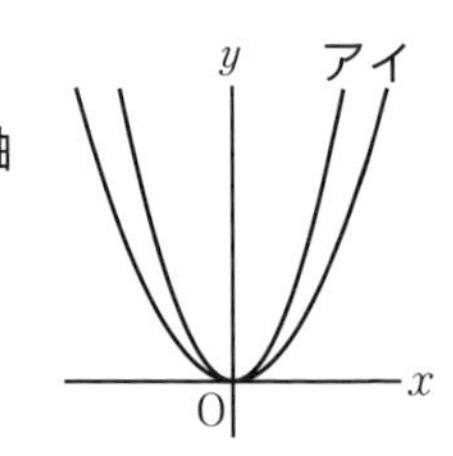

教 p.103～109

1 関数 $y=ax^2$ の y の値の増減（$a>0$ のとき）

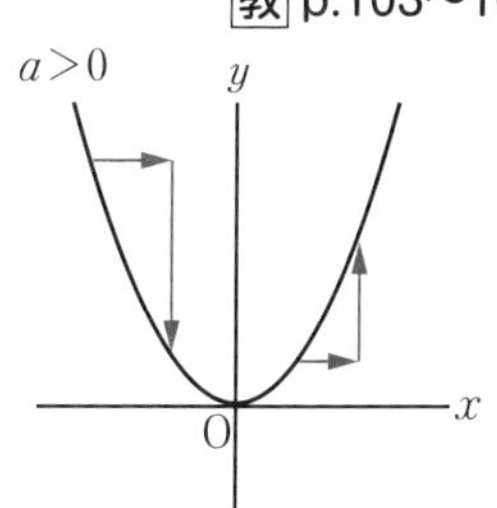

□x の値が増加するにつれて，

- $x \leqq 0$ の範囲(はんい)では，y の値は 減少
- $x \geqq 0$ の範囲では，y の値は 増加

□$x=0$ のとき，y の値は 0 で，最小

□x がどんな値をとっても，$y \geqq 0$

2 関数 $y=ax^2$ の y の値の増減（$a<0$ のとき）

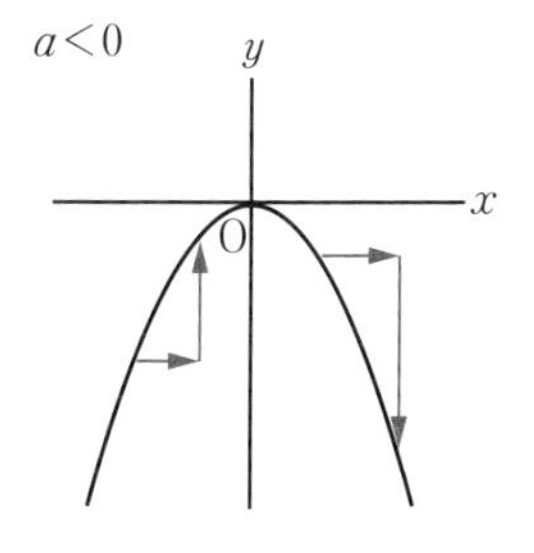

□x の値が増加するにつれて，

- $x \leqq 0$ の範囲では，y の値は 増加
- $x \geqq 0$ の範囲では，y の値は 減少

□$x=0$ のとき，y の値は 0 で，最大

□x がどんな値をとっても，$y \leqq 0$

3 重要 関数 $y=ax^2$ の変化の割合

□変化の割合 $= \dfrac{y\text{の増加量}}{x\text{の増加量}}$ は，一定ではない 。

例 $y=x^2$ について，

x の値が 1 から 2 まで増加するときの変化の割合は，

$$\frac{y\text{の増加量}}{x\text{の増加量}} = \frac{4-1}{2-1} = 3$$

x の値が 3 から 4 まで増加するときの変化の割合は，

$$\frac{y\text{の増加量}}{x\text{の増加量}} = \frac{16-9}{4-3} = 7$$

教 p.122～131

1 相似な図形の性質

□❶ 相似な図形では，対応する 線分の長さの比 は，すべて等しい。

□❷ 相似な図形では，対応する 角の大きさ は，それぞれ等しい。

2 重要 三角形の相似条件

□ 2 つの三角形は，次のそれぞれの場合に相似である。

❶ 3 組の辺の比 が，すべて等しいとき

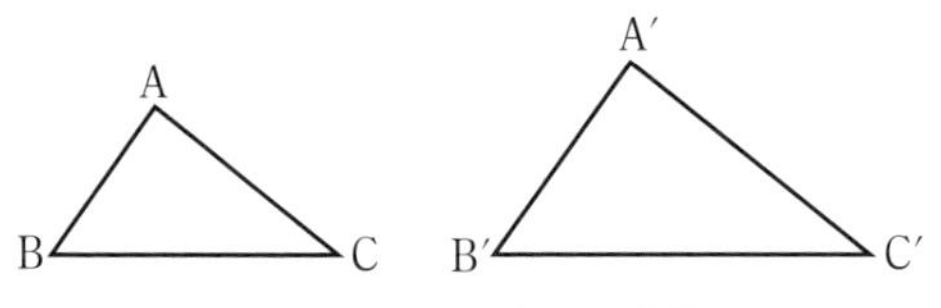

AB：A′B′＝BC： B′C′ ＝ CA ：C′A′

❷ 2 組の辺の比 と その間の角 が，それぞれ等しいとき

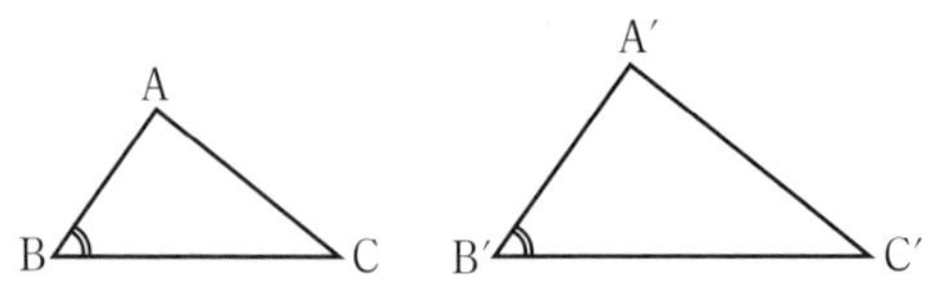

AB：A′B′＝BC： B′C′ ，∠B＝∠ B′

❸ 2 組の角 が，それぞれ等しいとき

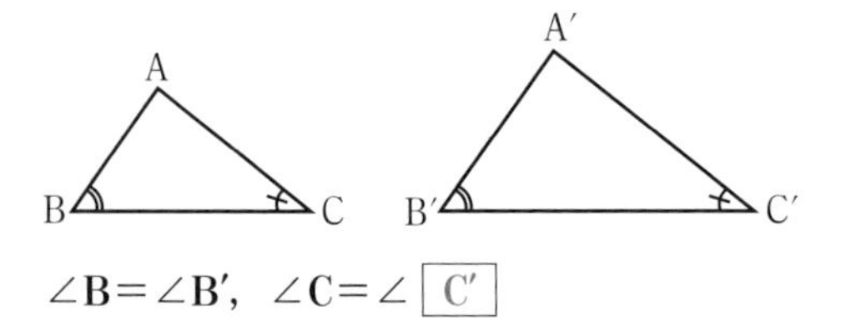

∠B＝∠B′，∠C＝∠ C′

教 p.133～143

1 重要 平行線と線分の比

□△ABC で，辺 AB，AC 上に，それぞれ，点 P，Q があるとき，

❶ PQ∥BC ならば，

AP：AB＝AQ：AC＝PQ：BC

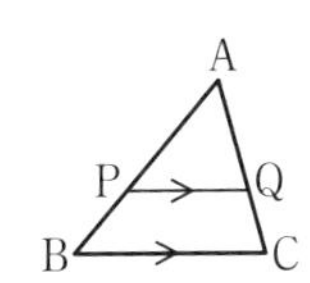

❷ PQ∥BC ならば，

AP：PB＝AQ：QC

2 平行線にはさまれた線分の比

□右の図のように，2 つの直線が，3 つの平行な直線と交わっているとき，

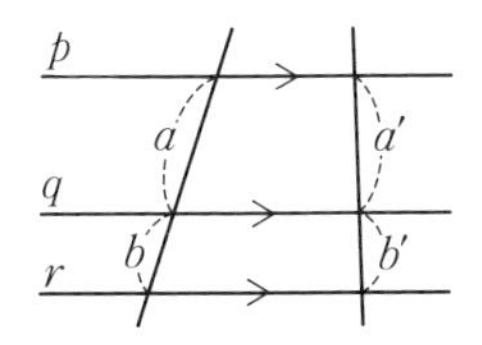

❶ $a : b = a' : b'$

❷ $a : a' = b : b'$

3 線分の比と平行線

□△ABC で，辺 AB，AC 上に，それぞれ，点 P，Q があるとき，

❶ AP：AB＝AQ：AC ならば，PQ∥BC

❷ AP：PB＝AQ：QC ならば，PQ∥BC

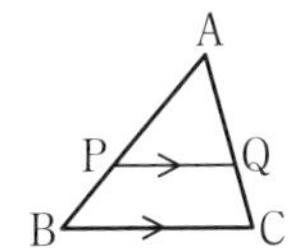

4 中点連結定理

□△ABC の 2 辺 AB，AC の中点を，それぞれ，M，N とすると，

MN∥BC，MN＝$\frac{1}{2}$BC

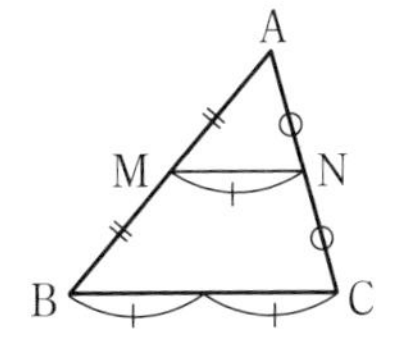

教 p.146～152

1 重要 相似な図形の面積の比

□相似な 2 つの図形で，

相似比が $m:n$ ならば，面積の比は m^2 ： n^2 である。

|例| 相似比が 2：3 の相似な 2 つの図形 F，G があって，F の面積が 40 cm^2 のとき，G の面積を x cm^2 とすると，

$40:x=2^2:3^2$

$4x=40\times9$

$x=90$　　　G の面積 90 cm^2

2 相似な立体の性質

□相似な立体では，次のことがいえます。

対応する 線分の長さの比 は，すべて等しい。

対応する 面 は，それぞれ相似である。

対応する 角の大きさ は，それぞれ等しい。

3 相似な立体の表面積の比と体積の比

□相似な 2 つの立体で，

相似比が $m:n$ ならば，表面積の比は m^2 ： n^2 である。

相似比が $m:n$ ならば，体積の比は m^3 ： n^3 である。

|例| 相似比が 2：3 の相似な 2 つの立体 F，G があって，F の体積が 16 cm^3 のとき，G の体積を y cm^3 とすると，

$16:y=2^3:3^3$

$8y=16\times27$

$y=54$　　　G の体積 54 cm^3

教 p.162〜169

1 重要 円周角の定理

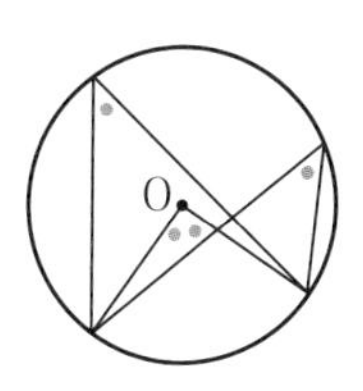

□❶ 1つの弧(こ)に対する円周角の大きさは，その弧に対する中心角の大きさの 半分 である。

□❷ 同じ弧に対する円周角の大きさは 等しい 。

□※半円の弧に対する円周角は， 直角 である。

2 弧と円周角

□❶ 1つの円で，等しい弧に対する 円周角の大きさ は等しい。

□❷ 1つの円で，等しい円周角に対する 弧の長さ は等しい。

3 円周角の定理の逆

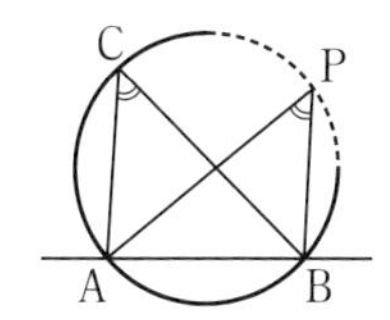

□円周上に3点A，B，Cがあって，点Pが，直線ABについて点Cと同じ側にあるとき，
∠APB＝∠ACB ならば，
点Pはこの円の $\overset{\frown}{ACB}$ 上にある。

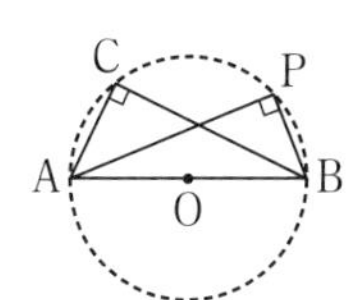

□※∠APB＝90° のとき，点Pは AB を直径とする円周上にある。

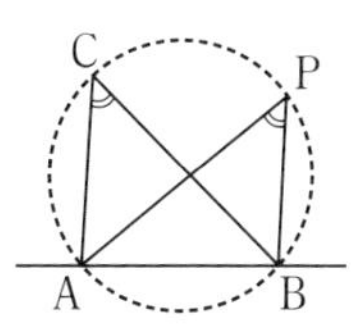

□2点C，Pが，直線ABについて同じ側にあるとき，
∠APB＝∠ACB ならば，
4点A，B，C，Pは 同じ円周上 にある。

教 p.182〜187

1 重要 三平方の定理

□直角三角形の直角をはさむ2辺の長さを

a, b, 斜辺の長さを c とすると,

次の関係が成り立つ。

a^2+ [b^2] $=$ [c^2]

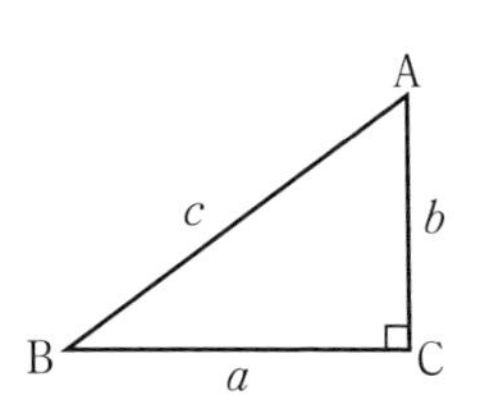

例 右の図の斜辺の長さを x cm とすると,

4^2+ [3] $^2=x^2$

$x^2=25$

$x>$ [0] だから,

$x=$ [5]

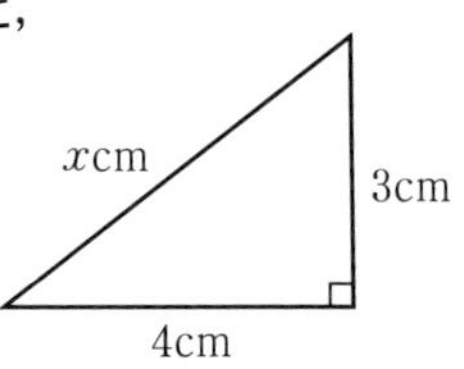

2 三平方の定理の逆

□△ABC で,

BC$=a$, CA$=b$, AB$=c$

とするとき,

$a^2+b^2=c^2$ ならば, ∠C$=$ [90]°

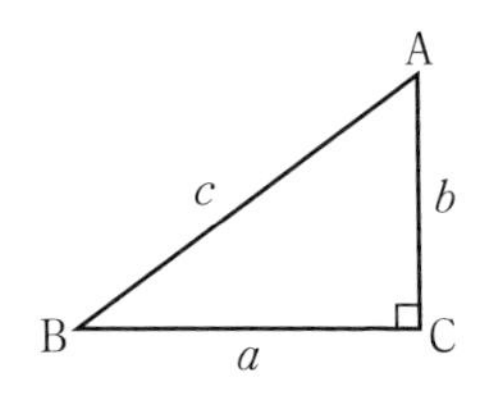

例 3辺の長さが 1 cm, 2 cm, $\sqrt{5}$ cm である三角形が, 直角三角形かどうかを調べる。

この三角形の3辺のうち, もっとも長い [$\sqrt{5}$] cm の辺を c とし, 1 cm, [2] cm の辺を, それぞれ a, b とする。このとき,

$a^2+b^2=1^2+$ [2] $^2=5$

$c^2=$ [$\sqrt{5}$] $^2=$ [5]

だから, $a^2+b^2=c^2$ という関係が成り立つので,

この三角形は, [直角] 三角形である。

教 p.189～197

1 正三角形の高さ

□ 1つの頂点から 垂線 をひいて直角三角形をつくり，三平方の定理を使って高さを求めます。

2 重要 三角定規の3辺の長さの割合

□
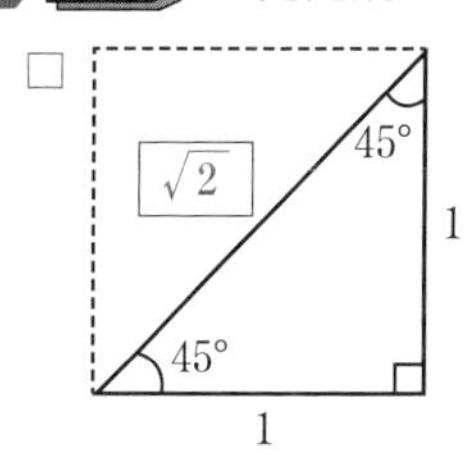

□
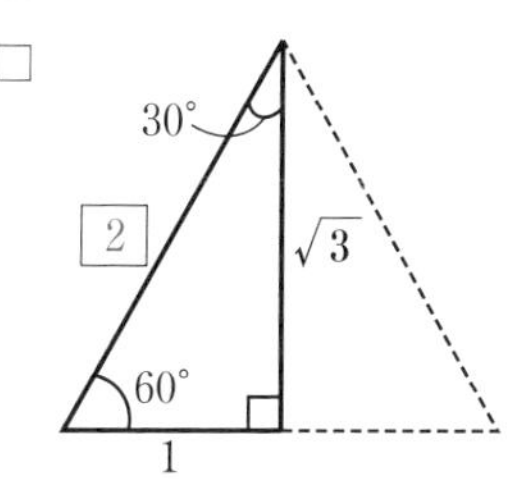

3 2点間の距離

□ 2点を結ぶ線分を 斜辺 とし， 座標軸 に平行な2つの辺をもつ直角三角形をつくり，三平方の定理を使います。

4 直方体の対角線

□右の図のような3辺の長さが a，b，c の直方体の対角線AGの長さを求める。

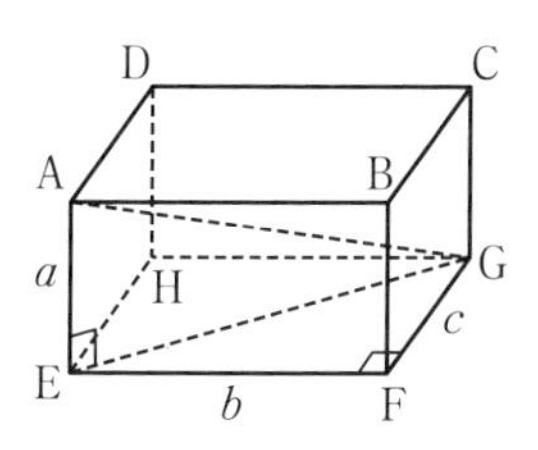

$AG^2=AE^2+EG^2$

$EG^2=EF^2+FG^2$

から，$AG^2=AE^2+EF^2+\boxed{FG}^2$

$=a^2+b^2+\boxed{c}^2$

したがって，$AG=\sqrt{\boxed{a^2+b^2+c^2}}$

8章 標本調査とデータの活用

1節 標本調査

教 p.204〜213

1 全数調査と標本調査

□集団のすべてを対象として調査することを 全数 調査といいます。

全数 調査に対して，集団の一部を対象として調査することを 標本 調査といいます。

2 重要 標本調査

□標本調査をするとき，調査の対象となるもとの集団を 母集団 ，取り出した一部の集団を 標本 といいます。また，標本となった人やものの数のことを， 標本の大きさ といいます。

□母集団からかたよりなく標本を取り出すことを 無作為に抽出する といいます。

例 全校生徒 600 人から，50 人を無作為(むさくい)に抽出(ちゅうしゅつ)して，読書が好きかきらいかの調査をおこなったところ，50 人のうち，読書が好きな人は 35 人だった。

このとき，

この調査の母集団は 全校生徒 600 人

この調査の標本は 全校生徒から選ばれた 50 人

また，全校生徒に対する読書が好きな人の割合は， $\frac{35}{50}$ と考えられる。

よって，全校生徒のうち，読書が好きな人の数は，

$600 \times \frac{35}{50} = 420$

となり，およそ 420 人と推定される。